料理自療 Cooking Therapy

享受自我照顧好時光

料理自療

點心舖

Cooking
therapy

臨床心理師張凱茵 ── 著

創造幸福之路

　凱茵是畢業自我們 WEEE（Well-being Exploration、Empowerment、Execution & efficiency）研究室的孩子，溫和而堅定，充滿彈性與努力地面對生活。

　我們致力於研究腦心智科學，走在身心健康與創造幸福的路上。我對於學生能夠如此真實地整理自己大腦中的經驗，而且結合與運用知識，著實感到開心、珍惜以及祝福。

國立成功大學行為醫學研究所 教授
台灣腦心智發展與心理復健學會 理事長
成功大學腦心智健康與發展研究中心主任

郭乃文

為自己做一份療傷的解藥

中華文化有個神奇的秘密,就是藥膳。每種食材、每種花草,都可以變成一種藥。但是,這本書會帶給你一個更神奇的秘密,那就是,其實,只要你打開你的心,不管你懂不懂中醫,原來,從切菜開始,就是一個療癒的旅程。

還記得,五年前,第一次到台南拜訪寬欣心理治療所,我講解著陰陽平衡的感官動能創傷治療,需要有人自願上台示範時,一位長得清清秀秀,說話又輕輕柔柔的女生自願上台,跟我一起,用好緩慢的自我覺察,細膩的感受自己的身體。那就是我跟凱茵開始相識的一刻。

細膩感受身心這件事,是很難用語言描述的。但是,凱茵做到了。

在本書中,從一開始,凱茵用她的天份,把右腦的幻想與情緒,跟左腦的科學與文字,結合成一道道讓人品嚐起來非常順口的心靈饗宴。從童話森林的隱喻畫面,到具體實際地走出 "情緒暗黑森林" 的四大步驟,原來,手作點心的過程,可以跟最新的大腦神經科學結合耶~

這就是讓我一直引以為傲的台灣特色!在台灣這個多元文化的小島上,可以有凱茵這樣的臨床心理師,每週跟憂鬱焦慮創傷的個案晤談,然後,回家烘焙做點心自娛娛人,還在朋友圈裡進行小型點心義賣,再把募得的款項捐給不同的機構。這是只有豐富多元的文化,才能孕育出來的美好。

希望你把這本書帶回家後,從聞一聞食材開始,用你的方式整合左腦與右腦,為自己做出一份療癒創傷的解藥,一邊療癒心靈,一邊開發潛能!

華人創傷知情推廣團隊、美國心理師

胡嘉琪博士

溫暖入心

閱讀這本書是個享受，優雅的文字、柔柔的字句、栩栩如生的食物隱喻小故事，彷彿看到凱茵帶著溫暖的笑容，坐在面前，專注的對著眼前的人，端出了點心，以溫柔的聲音、輕巧的說起了關於點心、關於生命、關於療癒的故事，這就是我認識的凱茵，文如其人，溫暖入心。

我們都可能是書中的某個小故事，也許是不敢放鬆的煎鬆餅，也許是不敢做自己的三明治，也許是失去了某個親愛的人、努力孤單生活著的優格，我們的心，都曾在沒有準備好的情況下，被意外、被挫敗、被失落，推入情緒黑森林，在治療室裡，無數的個案問著，怎樣才能打破黑暗，讓療癒光線進來？

凱茵一直是個溫柔與剛毅並存的專業心理治療師，不同於其他的療癒書籍，書裡仔細引用科學實徵證據以及清晰的理論論述，讓這本書多了很特殊的味道，一種苦澀卻厚實的支撐，少了甜膩，多了安心與堅定。

在這個難以專注的時代，紛擾的訊息、緊湊的節奏、混亂的氛圍，都讓我們跟著慌亂，不再留意自己的狀態，不再回到心中思考自己的方向。書中的走出黑森林四步：覺察、暫停、療癒調頻、重新啟動，簡單四步驟卻力量強大，我們在治療室中常提醒個案「有意識的覺察」、「有意識的專注」、「有意識的行動」，這些看似簡單的能力其實需要很細緻的帶領。

書裡提供了很多讓療癒發生的小技巧，細細的說明每一個烘焙步驟裡會發生的事，從五感到手感，從觀心到感謝，光是閱讀，心就被療癒了一遍，可以想像到有意識的專注與行動後，將發生種種美好。專注力是練習來的，我相信，任何一位讀者，都可以從書裡描述的種種體驗中，找到一個小片段，讓你從心裡發出「哎呀，這個我也可以做到」的小練習。

寬欣心理治療所所長　鄭皓仁

手作點心點點心，暖了腸胃飽足心

在凱茵家中的廚房裡，環繞著許多她精心收集的餐盤與桌布，一個抽屜專門收集木製托盤與砧板，排列整齊的收納在裡面，一個櫃子專門收集成雙成對的桌布，四周圍都是充滿童趣的小熊物件，她正如這個空間所表達出來的樣子，充滿童心又保持著清醒的理性，整齊劃一的收納與潔淨感自在舒適，柔軟甜蜜不強硬，不多不少，正是剛剛好。

成就一道美味的點心所擁有的麵粉、糖、奶油的份量，也正是需要這樣的黃金比例，在該精準的時候多一分或少一分都不能夠偏移，但在鬆軟時的手勁與心境，卻是食譜上幾乎完全無法說明的，而凱茵把這些內在的經驗化為秩序傳授內力，以心理師的引導，豐厚手作食譜的過程，最終得以各種溫暖的滋味，餵養自己也分享給其他人。

這些都是她拿手的工作，在研發重量毯的期間，她給了我很多重要的觀察線索與指引，每次相處都能從她清晰的頭腦裡學到自己不懂的事，然後又被她溫暖關懷的話語深深的被照耀著，就像她陪著許多渡河的創傷者，給出槳也教予造舟的方法，走出在諮商室之外，她還想要讓更多人懂得品嚐自己的各種酸甜苦辣的心情，賦予不同的溫度烘焙創造出自己的食物，飽足之後才能奮起振作。

此書因而應運而生，在生活中就能開始，感謝積存了這麼多善意的好人兒，念顧著有太多人正需要安頓空乏的身體和心靈，卻不知從何開始，凱茵在書中所引領做點心或煮一碗熱騰騰的飯菜即是最簡易的出發，有著神經學脈絡的提點更知道自己現在身處何方，自我覺察之後往前再走，每一步都走得穩當踏實。

《手作重量毯的療癒筆記　給無法擁抱的擁抱》作者　守谷香

當，心需要被療癒，我與點心相遇

作為臨床心理師，以心理治療為工作的職業生涯也許還說不上太長，大概也就是足以讓一個幼稚園的孩子進入到中學的時間，但每個工作的日子裡，一天之內就會進出不同生命階段的故事，高密度地品嚐著人生百態的酸甜苦辣，知道，也時常體驗著人生中許多的身不由己。苦難並不是你不找它，它就會乖乖不來拜訪，但也因為如此，更相信人是有原生的成長力量，在遇到危機後，有適當的引導、安撫，就會像農家的智慧，知道要砍桂花、砍棗花，反而能讓樹木長出更強壯的枝椏、開出茂盛的花朵。

我們無法阻止苦難，但若是能有辦法把自己照顧好，就會因為內在資源的豐潤，而有了承接苦難的緩衝，和新生的力量。

然而，每每消化過後，還是深深地體會「做人真的是好難啊」，於是，「我要好好療癒自己」的念頭，帶我進入手作點心的世界並意外體驗到做的歷程，如此真實地具有療癒性。記得自己第一次看著食譜做出來的餅乾，因為真的一點經驗都沒有，好不容易才切割好的餅乾麵團，進了烤箱之後就感情良好地聚集成一整片了（因為麵糰比例錯誤，太濕了）。但我真心地記得我從烤箱中取出它們的時候笑得有多開心，因為重點似乎不是它們有沒有成型、好不好吃，是我只記得我在做，做的整個過程

好有趣，對成品的期待，但也對成品的接納，乃至於到後來品嘗手作的感動與安適感。就這樣，一個過去連水煮蛋都不會，米也沒洗過，還會把烤箱弄到起火差點爆炸的人，在一次一次感覺到生命不可承受之重的疲憊感湧現時，一次又一次的投入點心世界，也就能持續地幫在第一線工作的自己，補充心靈耗損的能量。

點心之於我的定義，可以甜可以鹹，但最重要的是他有一個心。在學會做點心而能夠感覺身心療癒的過程，如同給一個人一條魚，不如教他自己學會釣魚。那麼，如果能夠真實地讓人體驗到釣魚之所以美好，那他就真正學得會了。

一個人的力量真的好有限，但各種意想不到的緣分讓我能夠靜下來整理頭腦裡的東西。也讓我有機會，用我所知道的事情，來回答「我在生活裡可以怎麼照顧自己」、「我好慌，我不知道我可以做些什麼會好一點」、「我好想知道，還可以怎麼樣好好照顧自己」、「我想知道怎麼愛自己、照顧自己」、「我真的可以對自己好嗎」這些問題。此外，單純地尋找、探索受傷的原因，卻不是在相對安穩的狀態時，可能會不小心帶來第二次的受傷經驗。至少，我可以讓自己安心地從我身後掏出一本書，說，「好的，讓這本書陪你學會照顧自己，先讓自己安心下來吧」。

　　所以說，料理自療點心舖，用了料理作做媒介，透過眼睛看、動手做、嘴巴嚐，都能夠攝取自我強壯的養分來源，餵養的是每個人心中需要被照顧的、小小的自己。在需要的時候跳出來，跟迷惘、彷徨、受傷的自己說話，告訴「只是想要好好過一天的自己」，我可以怎麼做。

　　從臨床實務與生活經驗的故事中，融合揉捻出一張張療癒心靈的小食單。也許，只要邊唱首歌的時間，你就能為自己端上一道滋養身心的料理，為自己充電完成。

　　但，話先說在前頭，絕對不是只要煮飯，心情就一定會天天快樂或是所有的問題都會解決，這樣，那培養所有的人都變廚師就天下太平了啊。做料理之所以能有自我療癒的效果，在書的第一章和第二章都有詳細的說明和一些練習的步驟，請跟隨著開始，找到、養成自己的療癒力量吧！

　　不想看太多字的話，隨手一翻，只看圖畫也很好。讓想像力奔馳吧，你會發現，翻開的每一天都可能成為最好的今天。

　　當你進入了這本書，療癒已然開始。大家一起動手讓自己暖心一下吧！

大家好，

我是料理自療點心舖裡的小熊師。

我跟情緒有點熟，知道它的習性
就是很頑皮，它想出來的時候一定會來，
所以，我們不討厭它、不壓抑它，
也不是控制它。

只是一起體驗，怎麼療癒自己，

讓情緒出來撒野的時候，
破壞性少一點、傷害性少一點，

柔和多一點、彈性多一點，

可以和平共處，一起自在生活～

獻上最大的祝福

小熊師

目　錄　Contests

當，心被點開

　　回想一下，看過的童話故事或奇幻電影裡，好像經常都會出現的場景，就是一座森林。我想，其中一個可能的原因，大概是因為森林就是又大又複雜吧！帶了重重的神秘感，什麼東西都有可能會在森林裡出現。情緒，也就像頭腦裡的那座黑森林，每個人都有可能會誤闖進去，有的時候可以順利出來，但也會有卡在裡頭出不來的時候。

　　在情緒的黑森林裡，可能會驚慌失措、可能會沮喪無力、可能會憤怒焦慮⋯，也可能會頭痛暈眩、心臟亂跳、肚子緊縮⋯，各種不舒服的感覺都可能讓我們行動失了分寸，然後不小心傷到自己，也傷到別人。

　　聽起來真可怕。但，也許最可怕的並不是那一座黑森林存在，而是自己不小心進到黑森林裡了，卻沒有發現，那⋯怎麼辦呢？

　　沒關係，森林裡，什麼都可能有，什麼都不奇怪。我們一起來想像一下吧，這時候，黑森林裡出現了一頭可愛的小生物，可能是小熊，可能是小兔子、小松鼠⋯，總之就是會讓你感覺到安心的小生物。當你注意到他的時候，他也開心的跟你打招呼，示意你可以安心得跟著他走，走著走著就到一座森林的小木屋，讓你一見到就想進去裡面好好坐一下。那個小

木屋裡，爐子上有剛煮好的熱蘋果湯、桌上有烤得香氣四溢的堅果麵包，旁邊的罐子有鮮採蜂蜜和果醬，等著你為自己做個喜歡的三明治來享用。放心，這裡不是糖果屋。這裡是森林裡善良的小動物們開的料理自療點心舖，他們只是想提醒一下誤闖了情緒黑森林的你，然後跟你分享，安全地回到療癒大草原的秘訣。

首先，料理自療點心舖裡小動物們會說，已經坐在舖子裡面的你，先幫自己倒上一杯喜歡的飲料吧！

然後，帶著好奇和輕鬆的心情，一起來看看能夠帶自己走出情緒黑森林的四個步驟，究竟是要做些什麼呢。

覺察 ➡ 暫停 ➡ 療癒調頻 ➡ 重新啟動

第一節

四步走出情緒黑森林

覺察

　　第一步覺察，聽起來好像很深奧，但其實簡單地説，就是能夠「我注意到了」。就像是你注意到手流血了，然後因為「注意到了」受傷，所以才會啟動後續的程序去消毒、擦藥、包紮之類的。手流血的受傷，因為看得見、也有具體的痛源去感覺到痛，所以我們很容易就可以注意到。但很多時候心裡面的困擾和受傷，因為看不見摸不到所以不一定會注意到，而且有時候就算注意到了，可能也沒有想到要去處理它或是不知道怎麼去處理看不見的不舒服。然而各種喜怒哀樂懼怕的經驗，都讓我們知道情緒真實的存在。當情緒該出現的時候，它也一定會來，可能是當遇到生活中真實的壓力事件時，例如上了一天很累的班回到家後，小孩又把食物打翻了滿地；明明很認真寫的報告卻一直過不了關⋯等；也有可能是生活中的發生的任何事，不嚴重，卻把頭腦裡不好的記憶給叫出來了，負面的記憶一旦開始啟動，都有可能讓相關的負面情緒跟著出來，例如看見了新聞報導，讓自己想起了曾經在車禍中的驚嚇感受。

　　情緒本身沒有對錯，它只是頭腦裡面很盡職地發送出訊號而誕生的產物而已。所以，當有不舒服的情緒出現的時候，我們只要試著幫忙自己早點

去發現、注意到一些身心的線索、訊號，而這些訊號是在提醒自己，知道自己的狀態不好了，怎麼不好，什麼不好，只要覺察到，就能有機會幫自己開啟進入療癒的旅程，把情緒溫柔地接起來再讓它過去。

關於覺察，我自己有一次很深刻的經驗，從那次的經驗裡面，更加確信「發現自己不對勁」是多重要的第一步。從小最親愛的外婆和外公在兩個農曆年接連過世，因為在心理治療中時常會接觸相關議題，我一直以為自己把悲傷、失落適當得處理了，至少在得知外公過世消息的下午，仍是可以轉換心情，按照原訂行程完成在學校的演講。但過了幾天，想說趁著天沒全黑前去買晚餐，記得下午工作回來後，將腳踏車暫停在住家一樓大廳外的停車架，就自然地走出大門準備牽車。走到車架一看，車子呢！！！我的腳踏車不見了！！！來回走了幾遍，天啊，真的消失了。我記得我有鎖呀……。焦急地走回大廳，請管理員協助，幾個管理員連忙調出了監視畫面。

總幹事：「小姐，你進來看一下～這是你腳踏車停的位置嗎」

我：「嗯…對…（忐忑無奈中）」

總幹事：「誒！這個人好像在牽車喔！！」

我：「對！！那台應該就是我的車！」

管理員A：「好！他穿黑色的衣服。誒！他把車牽出來了！騎走了！」

我默默的盯著螢幕，然後突然抓住蹲在旁的總幹事的肩膀

我：「那個人，是我嗎？？」

管理員A：「可是他穿的是黑色衣服」

我：「我現在穿了外套，裡面是黑色的沒錯…」

總幹事：「他騎著車轉彎了」

我：「所以是我自己騎走了嗎…？」

總幹事：「看起來真的有像你喔！你忘了你自己騎走了啦～哈哈」

我：「呵…真的是我嗎…我不記得我有把車停下樓耶…」

總幹事：「你要不要先下去看一下～」

我：「喔…好…」

到了B1停車場，腳踏車還真的就這樣好好地停在它的停車格裡，我趕緊回到大廳

我：「（鞠躬）有！腳踏車真的在，真的很不好意思，麻煩你們了」

總幹事：「哈哈哈哈，那你要報警抓自己嗎？」

我：「哈哈……真的很不好意思」

總幹事：「啊～沒關係啦!!人有時候都會忘了自己做的事啦!!我也發生過」

　　我只能尷尬又好笑又好氣地跟管理員們道過謝，離開後，自己一個人的時候，回想到剛才的整個過程，這個離譜的忘記說明了一件事，就是我的狀態可能沒有我表面上以為的那樣穩定，因為我知道情緒本身和處理情緒所耗費的能量，有可能會把用來維持理智和正常生活的認知資源給吃光光。因此也點醒了我，需要好好地注意一下自己，自己需要好好療癒一下了。所以，趕快來整理看看，幫忙自己意識到要自我照顧，可以從哪些訊息上面多加留意。

情緒事件發生時

　　生活中各種會產生壓力感受和情緒的事情，例如家人吵架或生病過世、上司刁難、準備結婚、搬家等，不一定都是壞事，有時候喜事也會帶來壓力；或者是過去不好的回憶被引發出來時。這些情況發生的時候，我們都有可能不知不覺，就進入到情緒黑森林中了。

身體訊息出現時

　　在面臨壓力情境時，大腦會有一連串的活動，釋放出壓力賀爾蒙到身體各處，包括內臟和肌肉，所以身體會在接受到指令後產生相應的反應，雖然是為了幫我們因應壓力時可以有力氣戰鬥或逃跑，但也會帶來不舒服，例如生氣時的心跳加速、咬牙切齒；悲傷時的胸悶；焦慮時的心跳亂跳、頭昏腦脹；或胃痛、拉肚了、肩頸緊繃等。因此，平時就可以多觀察一下自己或別人在情緒中會出現的身體反應，記錄下來，這樣當訊息下次出現在自己身上時就更有機會注意到。

幫自己圈出身體不舒服的地方

心理訊息出現時

　　同樣地，面臨壓力情境時，大腦中跟情緒相關的區域會活化，讓我們感覺到各種情緒，像是除了我們很熟悉的喜怒哀樂外，還有恐懼、焦慮、困窘、煩躁等。而各種情緒也會產生各種相應的行為，例如生氣時大吼大叫、悲傷時會哭、煩躁時坐立難安等。因此，可以練習先用一句話幫自己記錄下來，當下次有相關的反應出現時，增加注意到自己心情的機會。

　　心情一句話

　　我覺得 ──────（心情），我 ──────

　　例如，我覺得失落，我只想坐著不要動

　　我覺得生氣，我想把東西都丟掉…等

　　這是一個很重要的開始，保持對自己狀態的留意，就是覺察。就像是走著走著，注意到身邊的風景不一樣了，可能變成是被高聳遮天的巨樹包圍，當注意到之後，就可以接著帶自己進到下一步的療癒歷程，讓自己能平安地從情緒黑森林裡出來 *1。

（註）⋯⋯⋯⋯⋯⋯⋯⋯⋯⋯⋯⋯⋯⋯⋯⋯⋯⋯⋯⋯⋯⋯⋯⋯⋯⋯⋯⋯⋯⋯⋯⋯⋯⋯⋯⋯⋯

*1 建議搜尋寬欣心理治療所出品的「小怪獸心情筆記」有更多幫自己紀錄、觀察心情的方法。

暫停

　　第二步暫停，聽起來很容易，但其實非常需要快、狠、準的意志力，因為它是當我們覺察到身在情緒中或狀況不佳的時候，不放任自己讓情況繼續惡化下去，而盡力踩下煞車，為自己爭取自我療癒的機會。因此，暫停就是接在覺察之後，給自己一個允許，允許自己喘息一下，允許自己會有脆弱的時候，允許自己可以在狀態不好的時候照顧自己。

　　當我發生「腳踏車不見了」的事件後，從我不合常理的失神中，我覺察到自己可能有一些悲傷、失落的情緒沒有被照顧到，所以我得暫停一下，認真地面對可能只是硬被壓抑或忽略的情緒感受。那天離開管理室後，想到了這些，讓我馬上決定放棄原本要外出買晚餐的念頭，決定回家進去廚房，一個對我而言很有療癒力的地方。因為光是暫停是不會好的，暫停是為了幫自己至少先從最不好的狀態中離開，爭取到緩衝的時間和空間，重點是要銜接之後的療癒歷程而能夠把自己調整回舒服的頻道上。

　　怎麼暫停呢？其實最簡單的方法就是在覺察到狀況不佳時，溫和堅定地對著自己喊「暫停」；或者平時就可以搭配停止的視覺符號，像是交通號誌的停止標誌、自己畫的停止圖案等，看見時能夠提醒自己要暫停；也可以養成一個小動作，例如運動比賽會用的暫停手勢來提醒自己；還有，如果身上有習慣佩戴的小飾品或物件，也可以拿來當作提醒自己要暫停的好夥伴，例如摸到自己的手環就要先停下來。另外，練習

慢慢將氣吸到下腹部，讓肚子鼓起來，再慢慢的把氣吐出來，下腹部凹進去，吸氣的時候可以在心理默數1234，吐氣的時候默數123456。這樣的腹式呼吸，也是很好的暫停方法*。

　　如果情緒是當下正在發生，那就好好地離開情緒現場，例如在吵架中，覺察到自己要爆炸了，趕快先提出要求「我們先暫停一下」，但也是盡量能夠溫和堅定地提出。記得，離開現場的自己並非無處可逃，而是知道自己能夠選擇做些什麼，多一點相信自己可以，然後真的投入去做，那麼你就會進到下一步的療癒調頻裡了。

腹式呼吸的引導語QR code

療癒調頻

　　第三步療癒調頻，其實字面上就可以看到兩個大重點，即是以療癒的方式，把自己調整回舒適自在的生活頻道。你可以想像原本的你正平和地走在一個安穩的頻道上，可以理性思考、可以感受快樂、可以解決問題，但因為某一些情緒或壓力事件的發生，讓你跑到了生氣、悲傷、失落、焦慮之類的頻道上，在那些頻道裡可能會感覺到很多的力不從心，原本自己能夠做到的事都變得吃力或做不到了。我們無法控制自己不被影響而掉到這些可怕頻道裡，雖然很不舒服，但請不要害怕，因為現在至少我們知道當覺察到狀況不對時，可以暫停一下、觀察一下，然後就是進入到這個幫自己調整頻率的步驟。好好地做一些能夠讓自己感到輕鬆、愉快的事，就是最好的調頻。

　　如果蒔花種草讓你安心，那麼就享受跟植物的對話；如果編織毛線讓你穩定，那麼就享受溫暖的包圍；如果跑跑跳跳讓你活力，那麼就享受盡情揮汗的暢快；如果塗鴉畫畫讓你平靜，那麼就享受色彩與輪廓的美好；如果音樂歡唱讓你愉悅，那麼就享受跟音符旋律的共鳴。只要能安撫、照顧自己的事，做起來都好。在我自己個人的經驗上，我選擇的是去跟食材們玩耍、實驗，之後享用美食的「做料理」。

　　我在「腳踏車不見了」的事件中覺察到自己在經歷重要親人離世後，可能有一部分悲傷和失落的自己沒有被照顧到，所以趕快暫停下來，整理一下思緒和感受，然後我選擇的調頻方式，就是進到廚房。打開冰

箱，發現有之前買肉時獲贈的大骨頭，雖然不知道使用方法，但兒時外婆煮湯的鍋子裡總會出現著大骨的畫面浮現，索性馬上搜尋網頁找到食譜，一邊模仿著記憶中的溫暖身影，一邊熬起了高湯。當蒸汽自鍋中緩緩升起，飄出柔和香味，仔細撈去浮沫雜質時，我發現我在掉眼淚。一顆一顆的，有著各種思念與不捨的眼淚，許多話來不及說的眼淚。然而我撈浮沫的動作並沒有停下來，隨著湯變得清澈，我嚐了一口，即使還沒有放任何的食材和調味，但兒時記憶中的溫暖基底就在口中甦醒，讓我發現到，眼淚中還有更多的是被照顧關愛的感謝。所以，我就讓眼淚這樣盡情地掉，但仍持續地拿出材料，一邊想著自己想要的味道，一邊把料理完成。一段專注在料理與感受的時光，一鍋慢煮好料的湯配上外婆常煮來當點心的麵線，一頓好好享用的晚餐，安全地穿梭在回憶與當下之後，心情是越來越平靜，我知道，自己需要這樣地安撫，而自己也確實走完了療癒調頻的步驟。

記得有一次的療癒調頻經驗也很有趣。那是一個經歷連續兩個小時再加連續五個小時的心理治療工作後，我在回家的路上，感覺到的是自己只能靠程序記憶推著身體，腦筋一片空白地踩踏腳踏車。我覺察到的是在高度情緒勞務的工作後，身心都變得扁扁、乾乾的，所以提醒自己，讓踩腳踏車的動作變成一個暫停的動作，一個為了從不好的狀態中出來，而需要的暫停。踩著踩著，突然「來做個巨無霸漢堡好了！」叮的一聲，在腦中出現。突然感覺到頭腦又開始可以運轉了起來，想著需要準備的材料、出現到達店家們的路線，材料買齊之後，立馬回家嘗試具現化這個巨無霸漢堡。將直徑18公分的大顆鄉村麵包從中間橫切一刀變上下兩半，將醃好的去骨雞腿排煎到外皮金黃裡面多汁，鍋裡的雞汁和

橄欖油拌合淋在下面的麵包上，鋪上切片的番茄、生菜，再放上雞腿排和起司，最後把頂部的麵包蓋上就完成了！上桌後想著到底要怎麼吃它，決定很豪邁地整個拿起來咬，飲料就來一杯現打得鬆鬆綿綿清清爽爽的純哈密瓜本人冰沙。雖然下班回家的路上一開始是累到失神的狀態，但經過覺察、到暫停、到這一連串的療癒調頻後，感覺到能量被補充完畢，身心又重新變得水潤飽滿，可以繼續承接各式各樣情緒、苦難的工作。

　　正是因為生活中許多次真實的體驗，讓我確實感受到做料理帶來的療癒性，這也是我選擇以做料理、點心來調頻自己的原因。在之後的章節內容裡，也會接著分享更多「做料理這件事」為什麼能療癒，而療癒又是怎麼發生的。在這裡，我們要知道的是療癒調頻本身的重點，是那個想要幫自己舒服地切換回自在安穩頻道的心意，和享受「做某事」時的療癒歷程。因為如果好不容易叫自己暫停了之後，卻什麼都沒有做，那麼很有可能因為還在不舒服的頻道裡，而又持續經驗到各種不舒服的情緒。如果選擇的是「什麼都不做的放空」，那也很可能會體驗到腦中思緒亂飛，情緒越放越滿的恐怖感覺。所以，要調頻還是得「做」，且這個「做」需要是能夠專注投入、喜歡的事情。而且是具有意向性地做，讓自己好好靜下來去做，知道當自己投入過後，會得到「療癒感」這項副產物，同時也是最好的禮物。

　　無論如何，只要能夠用心地照顧一下自己，一定會比把自己繼續放逐在情緒黑森林裡的可怕頻道上要好得多，因為接下來，就會有能量幫自己重新啟動，去面對本來讓你不舒服的事或需要解決的問題。

重新啟動

　　第四步重新啟動，是把自己從不舒服的狀態迎接回舒適自在的頻道後，感覺到自己平靜而有力量。那是一種，自己重新回到了此時此刻，感覺到安心自在，即使難過、生氣、受傷的事情本身並不會消失或就此忘記，但是因為完成了前面的三個步驟，而能夠知道、感受到自己是在很安全的現在，不在過去受傷的記憶和情緒裡，也不是在被問題困擾的無助裡。如同我在「腳踏車不見了」的事件中，在廚房裡與慢熬的大骨高湯共處時，失落的情緒被喚起，但同時持續的料理動作和專注投入的體會，讓這些情緒可以安全平穩地流瀉，然後溫暖的回憶便隨著料理與品嘗，而能夠進入到身心形成滋養。在做巨無霸漢堡的那次也是，在暫停之後靈感出現，邊料理邊玩樂的同時，可以感覺到原本在工作中耗盡的腦力，正一點一滴地補回來，頭腦因此能夠重新運轉。透過專注在料理的這個調頻動作，讓療癒發生，感覺自己釋放過、整理過、沈澱過、充電過，而後能夠回到生活中，是平靜的、自在的，也能感受到愉悅和思考的創造性。

　　這就是重新啟動的力量。透過「專注地做些事情」本身的療癒，並不是要讓人忘了悲傷，也不等於就不會再次受傷，更不會就此生活一切順利、百毒不侵、天天開心。它不神奇，而且還很需要無時無刻保持意識的練習。它只是在當自己覺察到需要照顧自己時，知道能有些事情可以做，而且做了之後身體和心理會比較舒服。出現的負面記憶和情緒，也

會因為過程當中產生的其他正向記憶和感受，得以被整理或者是轉化，而獲得重新啟動的力量。比如説，做料理的時候其實難免一定會遇到失敗，像是這個調味失準、或者是蛋糕沒有膨起來變得像石頭一樣之類的，也許會知道哪裡做錯了也許不會知道，但是試著去修正的過程本身就像是在做實驗般，有挑戰性又有趣。而當這個想要解決問題的動能出現時，可以讓自己去做更多的嘗試，如果能改良完成也會帶來成就感，就算失敗也認同自己有努力過，其中產生的各種正向情緒，可能其實早就把自己帶離開情緒黑森林裡面了。

　　人生其實真的是充滿挑戰與辛苦的，我們永遠無法預測疾病、意外和各種壓力事件什麼時候會發生，更加無法阻止它們的發生。但是當考驗來臨的時候，如果我們感覺到自己是有方法的，就會比較有信心比較有力量能夠去度過難關。壓力來臨時，可以很有警覺地注意到並提醒自己走完四個步驟，就知道能把自己帶回好的狀態。當然，有的時候，壓力可能會大到我們覺得難以招架，怒氣上來可能一下子就可以變身綠巨人浩克、悲傷寂寞來襲時沈重到連呼吸都很吃力、緊張焦慮出現時驚慌失措一片混亂。或者是，自己原來所擁有的身心資源就很不足時，真的會有一種做什麼都沒有幫助的無力感。

　　這個時候，請讓料理自療點心舖裡的小動物們陪伴你，一起重複走完四個步驟，可能走完一次不夠，依然沒有回到舒服自在的頻道上，或是剛走出來沒多久又掉到另一個可怕的頻道去了。沒有關係，也不要放棄，繼續再走完一回四個步驟吧！也許，就是得重複無數次這個四步療癒，雖然不會馬上就覺得自己脫胎換骨，但請相信自己每一次的走完，都是在幫忙自己補充到基底的養分。就像貧瘠的土壤想種出頭好壯壯的作

物，就要不厭其煩的換土、補肥料、試種再調整一樣。如果能夠持續不斷地走完四步療癒，就相信一定能夠讓自己重新長出強壯的根系和充滿活力的新芽。

記得，真實的問題或苦難和負面的記憶並不會因為你做了什麼就會消失，但重點是那個照顧自己的決心和習慣，知道並能夠把自己帶回到安適的頻道。這樣一來，就能夠自然地在當下感受到思考的流暢和清晰，不用刻意地正向思考，也不害怕、排斥情緒的起落，因為你知道自己怎麼讓自己好好的。其實我到了現在，每次只要看到祖孫相處的場景、故事劇本，或吃到熟悉的外婆味道的食物時，還是會忍不住掉眼淚，寫著文字的當下亦是如此。然而，經歷多次的四步療癒後，我知道這些眼淚的成分不再只是悲傷與難過失去，更多的是懷念和感謝。這些感受，也會轉化成能夠把自己一次又一次，在遇到困難、狀況不佳時調頻回來的養分，把有能力解決問題的自己找回來。所以，也想分享這樣的養分給想要自我療癒的你，一起重新啟動，走出情緒黑森林吧！

這個四步走出情緒黑森林的小秘訣，你可以想像料理自療點心舖裡的小動物們正邀請你說「我們再一起複習一下吧！」。在日常生活中保持對自己的「覺察」，當發現到身體或心理狀態不對勁的時候，提醒讓自己「暫停」一下，趕快接著做一些能專注投入的事情幫自己「療癒調頻」，然後讓補充好能量的自己「重新啟動」。

現在，就繼續這樣把四步隨時放在心裡，保持一顆好奇的心，跟著舖子裡的小動物們一起接著看看，走出了森林後，會到達什麼樣的地方呢。

第二節

自在漫遊療癒大草原

　　在舖子裡，小動物們想跟你分享的，就是一個藉由專注投入做料理，讓自己感受到被照顧的療癒過程，一個可以稱之為「料理自療（Cooking therapy）」的概念。

　　為什麼不是「治療」，而是「自療」呢？我們可以這樣來想，如果說「治療」是已經預設了你有個部分壞掉了，然後需要有一個比你懂得多的人來幫你修復，幫你重新裝備好或要把你改造，那麼你也得付出相對的時間、代價，到某處，接受「治療」。而在這邊，「自療」所強調的重點就是知道自己有些部分秀逗了，會有不舒服的時候，但你相信你能夠做到的，是提取出自己既有力量去照顧自己，讓自己可以度過不舒服，也可以重新長出自己喜歡、自在的樣子。所以說，「自療」就是我們日常生活中無時無刻都需要，也可以做的事。因此，「自療」的素材也就自然而然的取材自生活中。

　　料理就是其中一種素材。那為什麼是料理呢？最簡單的就是因為我們每天都要吃東西呀，所以如果能夠讓這一件這麼常見的事情變得有療癒力，那不是一件很幸福的事嗎。然而，療癒的來源不是只是吃到好吃的食物，而是去體驗到在料理的過程中所產生的「自療」魔力。那是我第

一次擁有了自己的烤箱，又意外搜尋到一份看起來很簡單的食譜後，迷上了做司康（Scone），所體驗到的事。沒有任何正規的訓練，但憑著一向熱切的點心魂和骨子裡的實驗精神，自己的烘焙小旅行就這樣啟程，在一個大碗裡加入超市就買得到的預拌鬆餅粉、倒入打散的雞蛋和牛奶，攪一攪成團後再用杯子壓出一個一個圓餅狀，送進烤箱就可以去泡個茶，等著香噴噴的金黃糕點們出爐了。

原是抱著「有這麼簡單嗎」的心情去做的，但每一個步驟加入材料之後的變化，都讓我對於成品越來越期待，後來索性直接守在烤箱前面看著麵糰們長高、龜裂出號稱是美味的痕跡。烤箱的計時器發出了聲響，剛出爐的司康散發著牛奶、雞蛋、麵粉揉合的甜香，趁熱咬下一口，外殼酥脆內部鬆軟，「哇！」是忍不住發出的讚歎聲。小小麵糰讓我充分地體驗到不同層次的愉悅感，之後就開始自己嘗試著改變配方，用麵粉和奶油從頭做起、加果乾或加可可粉改變口味、做成鹹的會怎樣、加優格ㄐ以更鬆軟嗎……，光是思考想像時頭腦就已經開始忘了原本的煩惱，動手做的過程幾乎沈浸到一個安穩寧靜的世界，成品出來的時候則有好多的驚喜。從此之後，「料理自療」變成了習慣，在工作遇到瓶頸或生活中感覺到需要幫自己補充能量時，就會讓自己進到廚房，進到療癒的點心世界，餵養自己需要被照顧的身心。即使是沒有足夠的時間能進廚房時，我也會用冥想的方式在腦中完成整個料理的過程，就像運動選手們在腦中的自主意象訓練一樣，如同德國的神經心理學家亨瑞克‧華特博士在其研究中指出「想像能如真實般刺激大腦」，因此只要能夠進入那個專注的狀態，就會有像實際操作同樣地的效果*1。

　　那麼，只是吃好吃的東西不行嗎？一定要做嗎？

　　現在，我們可以一起先來回憶或想像一下剛出爐的美味點心就擺在自己的面前吧！可以是司康、餅乾或是好大的一個蘋果派，帶著烤焙的金黃或微焦色澤，聞得到溫暖的甜香，冒著熱氣的燙手溫度，咬下去有趴哩的酥脆聲響，隨之而來的是口中能品嘗到的各種風味。這時，來自視聽嗅味觸的各種感官經驗輸入，就能激發最直接的愉悅感。這個層次的愉悅感很立即，很容易體驗，因為訊息來自感官，並能夠快速地和預備好的正向情緒連結。就像是初生的嬰兒便會對甜甜的奶水產生微笑一樣。但是這種感覺來的快，去的也快。想像你再咬下第二口、第三口或是吃到第二塊時，最初那種興奮愉悅的感覺是否就慢慢神隱去了？是的，這是大腦對於非新奇事物的習慣化（habituation）歷程。隨著刺激重複在短時間內的暴露次數增加，我們的神經就會逐漸降低對該刺激的訊號發射，使得原先跟著刺激一起出現的正向感受也就跟著消失。而下一次可能會需要強度更大的刺激才會激起同等的愉悅感。所以多數來自身體感官刺激的活動所提供的愉悅感，都是暫時性的。若是我們只能將生活中的快樂建築在這個層次的愉悅感上，那麼就會變成常常得追著快樂跑，卻總是追到手它就又溜走了。長期下來只有兩種結果，一個是「好空虛」，一個就是「上癮了」。

　　所以，享受美味的食物來療癒自己並非不行，但若只是依靠美食本身，那一個不小心可能就得越吃越多才能有感覺了。也許換一個角度，我們可以把想要享用美食當成一個起點，推動自己進入到一個專注準備美食的狀態，在過程中，試著去體驗有別於感官層次的愉悅感、滿足

感。以我被司康電到的經驗為例，其中又包含了兩個層面：

第一是來自於「我在做司康」的過程。

從研究食譜、和麵、配料到塑型進烤箱，再看著它變得金黃酥鬆、香味四溢，最後分送到親朋好友手裡。每一個環節都有正向感受的出現，因為製作本身有挑戰性與技術性，所以完成後會有「成就感」；因為能夠專心投入地朝著目標邁進，所以會有「效能感」；因為能夠計畫與問題解決所以會有「掌控感」；因為看到大家咬一口時會瞇上眼微笑，所以會有「利他的快樂感」。正是因為有這些「因為」的解說，所以正向感受就不容易習慣化且能夠被記憶。

第二是來自於「我看我在做司康」的過程。

這是在烘焙時間結束後，回想到製作過程中，我的頭腦裡有哪些功能正在活化，讓它們得以被訓練而感到開心。例如，記得先將A料拌勻過篩，再把混合好的B料倒進A料中，簡單來說是工作記憶（working memory）在活化，所以我可以按照程序完成。還有思考到如何能將這個烘焙的經驗與我本來的專業背景做結合，使這個經驗達到「料理自療」的助人目的，如此的意義也著實令人快樂。而當這些邊玩耍、邊思考的過程能夠被回想並記錄下來的時候，也是另一個高層次愉悅感正在被創造的歷程。

回到「料理自療」，做料理、點心能夠帶來療癒的本質上來說，也就是這種經過專注投入與解說的正向經驗，而能夠產生愉悅感受。這種療癒性不僅能夠持久，也能夠累積，更能夠在相似經驗中被共同喚起。所

以你會變得更有動機去「做些什麼」來照顧自己，那麼，「料理自療」在你身上也就成立了。

　　那麼，一定要是做料理嗎？做別的事情可以嗎？答案是，當然可以。料理是我最有感覺，最想跟大家分享的，但更重要的是陪伴大家能夠走到自己的療癒大草原。因此，若是進廚房對你來說沒那麼容易，那麼至少記得「自療」形成的三個要素，以此幫自己挑選療癒的事情來「做」。

「自療」的三要素：

1.要喜歡才能感受投入

　　在我心理治療的工作中，其實很常會依據療癒的需要搭配舞蹈、音樂、繪畫、精油等媒材，每樣東西都有它能療癒人心的本質，但可以觀察到個體如果對某樣素材越有興趣，在使用的時候投入的程度也就越高。因為那是一個「一致」的狀態，當人感覺到一致時就能夠安心的去好奇，去探索，不知不覺可能就投入了。我們並不是要成為某一個興趣領域裡的大師，只是要選個最有感覺的素材來療癒自己而已。

2.要投入就能夠感受到變化之美

　　假如當你開始專注投入在做料理的時候，製作過程注意到攪拌著攪拌著麵粉就跟牛奶融合成絲綢般的麵糊、蛋糕在烤箱裡面逐漸地長高膨起、炒得焦香的洋蔥完全融化到湯汁裡，或是試味道的時候發現加了鹽味道居然更突顯了甜味等等，各種變化都可能為你帶來愉悅的感受。

3.要能感受才能創造感動

　　做的事情若有成品，是額外的禮物，因為重點在於體驗、沈浸在過程本身所帶來的療癒。所以當整件事完成之後，可以再回憶一下、整理一下過程中的正向感受，最好是能簡單的記錄一下，寫下來、畫下來、拍下來…都很好。若有機會分享一下你的快樂也很好，完成的美食、畫好的畫、織好的圍巾等，讓同好、善良的親友們也可以參與這個療癒的過程，純粹地分享感動讓感動的記憶更牢固。

　　掌握了三要素之後，讓我們再回來到「料理自療」這件事情上。那會不會有做了料理，但沒有感覺到療癒的時候呢？或者是，如果你已經是個天天都在做料理的人，可能就會想說，我天天忙著做飯就已經覺得很累了，哪有什麼療癒可言呢？確實，如果是個工作忙碌的大廚或下班後還要趕回家煮飯的媽媽，料理這件事就會因為變成例行公事、不做不行等其他的定義加在上面，而失去了療癒的魔力。記得我第一次在料理中沒有感覺到療癒的經驗，是我為了活動需要準備大量的點心，因為設備有限又缺乏大量製作的經驗，真的是手忙腳亂，一想到還有許多沒完成的部分就覺得像被怪獸追著跑，怎麼可能會療癒呢！幸好在我覺得快崩潰想放棄的時候，我森林裡的小動物們跑出來提醒我，快走四步：

　　「覺察」到因為做不完很焦慮的自己，叫自己「暫停」一下，深呼吸重新看看自己是在做自己喜歡、想做的事，在腦中重新整理、演練一下製作流程的「療癒調頻」之後，讓自己「重新啟動」進入專注做點心的愉悅狀態。

　　走完四步後，回到療癒草原的自己終於順利將點心們一一完成，做完的時候那種快要虛脫但無限滿足的感覺真的很舒暢。另外，對於愛亂發明食譜的我來說，其實很常發生的就是，做出來的成品完全不如預期。這種時候雖然會覺得很挫折，但森林裡的小動物們也會趕快再出來提醒，讓自己靜下來，重新回到那個「要喜歡才能感受投入」的狀態中，去感受和回味在製作過程中的期待和快樂。很神奇的是，回味過後伴隨而來的就會是想要再次實驗的動力，然後因為能夠想到、或找到改良的方法而感覺愉悅。如同失敗了的作品已無力再改變，生活中可能也有很多的問題並不會因為做了料理就會消失或迎刃而解。

　　但，重點是那一個想要照顧自己、想要把自己給找回來、想要把有能力解決問題的自己找回來的心意。這個心意把自己帶進療癒的歷程。然後你就會能夠發現，只要你的狀態改變了，真實的困境就有機會獲得轉圜，例如，就有動力再接再勵，讓下一個作品能夠成功。

　　此外，你現在也知道了，感官的愉悅來去匆匆，只有經過思考、解說的愉悅能夠停留並累積成幸福大腦的正向能量。而透過料理想達到「自療」的效果，記得跟著料理自療點心舖裡的小動物們一起，邁著四步往前走，其中第三步「療癒調頻」的重點就在於「做」，而且是「專心投入地做」，把自己帶出情緒黑森林，來到一片看得到整個藍天的療癒大草原吧！

參考文獻 --

*1 Walter, H., Berger, M., & Schnell, K. (2009). Neuropsychotherapy：conceptual, empirical and neuroethical issues. European archives of psychiatry and clinical neuroscience, 259(2), 173.

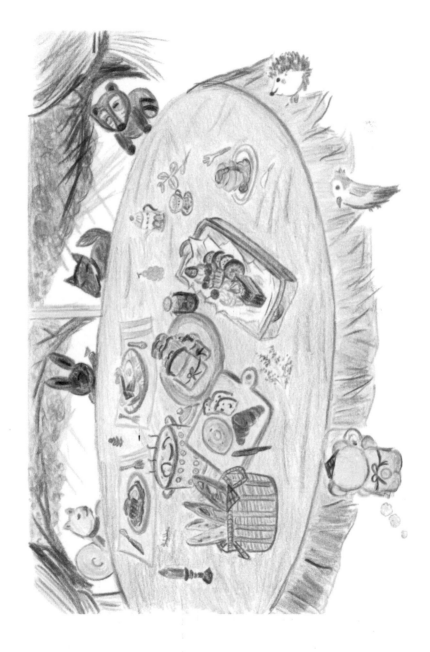

當，療癒進來

　　現在，應該大概知道怎麼平安走出黑森林的你，踏著輕快又穩健的步伐，繼續地走著。到了一個地方，眼前的風景跟剛才可能已經不一樣了。放眼望去，是你記憶中看過的，最舒服的一片草原，有嫩綠色、閃著朝氣微微發亮的草，有小小黃色的蒲公英花朵和一團毛茸茸的白色種子，風一吹就往藍色的天空飄散出去、還有各種形狀的雲偶爾飄過。閉上眼睛時，可以聽得到寧靜的聲音，可能是風的流轉、可能是草的律動，也可能是自己呼吸的節奏。呼吸的時候，清爽的空氣會進到身體裡，你可以猜一猜，那是花香草香還是泥土香，帶來令人忍不住想伸個懶腰的味道。蹲下身子，伸手觸摸，草地冰涼、青草們柔軟中又有些頑皮得扎手。慢慢舒服地坐下來，跟舖子裡的小動物們一起，再邊吃著些剛才在舖子裡為自己做的點心，保持著好奇，在接下來的時間中，繼續探索看看，在料理自療的世界裡，療癒是怎麼發生的呢？

第一節

頭腦裡亮起的光點們

有看過專業棋士的下棋比賽嗎？無論是象棋、西洋棋、將棋、圍棋等，在棋士們彼此之間互相競逐、你來我往的拉鋸中，即使是表面上看起來沒有任何動作的風平浪靜裡，思考著各種局勢、盤算、推測對手路數的兩人，他們的大腦都正在高速地運轉著。觀看棋局比賽的人一定都可以感受得到，尤其是也懂下棋知識的觀眾，更可以感覺到連自己的頭腦也跟著認真地運轉起來。是的，正是因為我們的大腦能夠這樣的運轉，所以我們能夠專注、能夠記憶、能夠思考、能夠解決問題。而當大腦的某些區域需要高速運轉的時候，就會有較多的血液流過去，好輸送大腦運轉所需要的大量氧氣和養份。我們當然沒有辦法直接觀看人類大腦的這個運送歷程，但透過現在科技的輔助，例如功能性磁振造影（fMRI，functional Magnetic Resonance Imaging）是利用血液含氧量的變化所造成磁化率之差異，會使影像訊號改變的原理，而可以偵測到正在思考、活躍的腦區，其血流增加帶來較高的含氧量來形成影像。因此，我們就可以看到血流運送、集中到某個特定腦區的模樣，它的樣子就像是你會在黑暗的海面上，看到燈塔亮起來的地方一樣，哪個地方特別亮了，我們就知道他正在活躍的運作著。

　　另一種是造影技術是磁力共振成像（MRI，Magnetic Resonance Imaging），它是利用人體器官和各部位組織的氫原子含量不同，會產生不同特性的磁場，從而形成不同的共振現象，儀器藉由偵測這些訊號差別來轉化成為圖像信號。運用在腦部時，我們就可以看到腦部組織的結構，因此也就可以進一步去實驗，觀察當我們努力動動大腦之後，大腦會不會變得更加頭好壯壯，就像努力做重量訓練後的肌肉會長出來那樣。

　　在大腦裡面的事有點難想像，但是托腦造影的福，科學家們就可以透過實驗觀察到，療癒在大腦中是真實地發生著，例如研究發現個體保持在專注醒覺的狀態時，大腦前額葉相關腦區都會活化，長期持續的訓練也會使得前額葉腦區的皮質增厚*1。前額葉腦區的運作支持著一組稱為執行功能（EF，Executive Functions）的大腦認知功能，它在大腦裡面扮演的角色就像一間公司的總裁一樣重要，主導了我們具有前瞻性的目標導向行為，如此，我們就能夠對情緒與行動產生自主的調控。而若是經過訓練使得這區的大腦皮質增厚，那就像是這個腦區的肌肉變得強壯，而將運作得更有效能，因此，這種有助於前額葉功能的心理治療方式也獲得研究的支持*2。我在書裡選擇跟大家分享以做料理的方式來自我療癒，除了本身喜愛之外，另一方面更是由於做料理是很需要前額葉執行功能參與的活動，所以一旦開始做，這區域的心智肌肉就很容易活化起來，而得到鍛煉。在第二節「手作點心裡的力量」會看到更多說明和研究的支持。

　　研究神經心理與生理學的科學家們，相信大腦功能主導所有心理歷程，腦中記憶系統與個體療癒經驗互動，使得記憶得以被重新整理、轉

化，過程中引發了相對應之神經生理的改變，例如神經連結數量增加。當大腦迴路透過訓練獲得重整與強化，那麼個體便能夠有效和持續地增強其心智功能*3。在大腦中發生的這些事，讓我們在專注投入做些什麼時，產生了自我療癒的效果。知名的神經科學家理查・戴維森博士，是大腦行為科學與情緒研究的國際權威，他帶領美國心靈與生命研究院（Mind and Life Institute）機構的團隊，進行系列化的研究，說明大腦功能可以被訓練而有所改變、改變可以被測量，且當新的神經迴路出現帶來新的思考方式時，這個好的改變會持續地往好的方向進行。理由是因為我們大腦是由神經元細胞和神經膠細胞構成，這些神經細胞都是活的，而這些細胞互相連接來傳遞訊息，透過強化或削弱這些連接，大腦的結構會隨之發生改變，這是戴維森博士在1992年提出的神經可塑性（neuroplasticity）的概念。由於神經可塑，透過適當的訓練和重複性的經驗，能為相應的大腦區域帶來更多的血流供給更多的養分，該區域的神經也會因為一次又一次的被活化，而連結變得更加強壯，或是長出新的連結。而當新的連結誕生或者是某一些連結變得強壯時，那個地方所主導的功能又會因此變得更加熟練和自動。經由前面所提到的磁力共振成像（MRI），就能夠觀察到大腦皮質結構的改變，來證實神經連結是否增加或減少。戴維森博士從腦造影的研究指出，每天三十分鐘的專注醒覺（mindfulness）練習，就有可能改變大腦的神經連結，包括以下幾個區域的灰質/大腦皮質（Grey Matter／Cortical Matter）的厚度呈現增加，也就是神經連結變多的意思。

- **前扣帶迴皮質**（Anterior Cingulate Cortex）：它的功能就像一個車站的勤控中心，注意著每班列車的行駛狀況回報之後調節、調度車輛的進出。當它活化而且強壯的時候，我們就可以靈活的注意並根據狀況更有彈性地來調節自己，也就是你可以把第一章所提到的四步流程走得更順暢，然後重新啟動去因應自己的生活。

- **前額葉**（Prefrontal Cortex）：它的功能像是勤控中心中的老大，將勤控的資訊統整之後下判斷跟安排，讓勤控中心內的人員可以各司其職地對需要的路線下達指令，所以當這個老大越靈活強壯的時候，我們就越能夠有效地判斷情勢、運用資源、做計劃並解決問題，即使遇到困難，情緒上來的時候，也能夠自然地進入到四步流程，完成四步以補充能量後繼續去跟困難奮戰。

- **海馬迴**（Hippocampus）：它的功能就像是列車存放的後勤單位，存放著等待調度的列車，幫忙勤控中心記得哪一輛列車要往哪一條路線送去，或者是學習開發新的路線，也是一個會幫忙調節列車吞吐進出壓力的空間。所以當後勤單位的能力越穩定強壯，勤控老大送出命令後，勤控中心就可以快速有效地調度需要的資源，無論對於鞏固舊有路線或開闢新路線都很有幫助。

　　整體運作得當，連結的鐵路們也就可以獲得足夠的資源去養護和維修，又會因此而運作得更順暢。相對的，一些運作不良、過度壅塞吵雜的車站也會得到紓解，像是大腦中的杏仁核（Amygdala）。研究也發現在透過專注醒覺的訓練之後，這個裝載了恐懼、憤怒等負面情緒的腦中樞紐，也可以因此縮小其佔地面積，因此負面情緒也就不那麼容易活化起來。若想瞭解更多關於醒覺訓練的知識，推薦閱讀丹尼爾·高曼與理

查·戴維森博士的著作《平靜的心，專注的大腦：禪修鍛鍊，如何改變身、心、大腦的科學與哲學》*4。

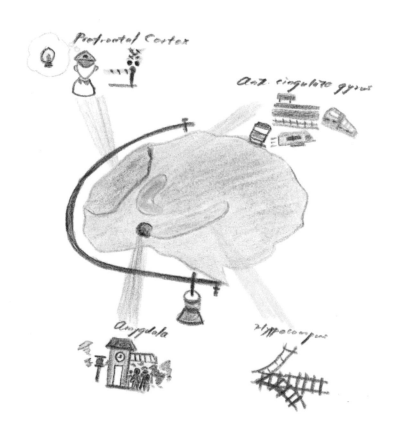

　　現在，我們知道了基於療癒調頻而進到廚房做料理，因為需要你在過程中隨時能夠保持覺察與投入，你的大腦會因此活化到重要的調節腦區，使得它們越來越強壯，因而跟一般煮飯的其實是不同狀態的事情。讓我們一起透過下面步驟的練習，也許慢慢的，每一次的煮飯時間都會變成自然的療癒時光唷！

　　我們用煮果醬來當例子。開始之前，可以有個小小的儀式，把自己調整到進入「我要療癒自己了」的狀態，例如預留充裕的時間、穿上可愛的圍裙、準備好需要的工具和材料、關掉手機、放點輕鬆的背景音樂之類的。然後試著讓自己接下來的料理過程中，「三步有感」地體驗著自己正在做的每個動作。

感受

從拿起水果開始，開放你的五個感官，並試著把這些感受的觀察描述出來：

五感	觀察	描述舉例
視覺	觀察水果的外觀，包括顏色、形狀、大小、特徵，在不同光線下的顏色變化等。	草莓是紅色的、十元硬幣大小，有光澤和一顆一顆淺綠色的籽
聽覺	拿起水果搖一搖，滾一滾、拍一拍、用指尖敲一敲，聽聽看有什麼聲音。	蘋果敲了有清脆像木魚的聲音

嗅覺	聞聞看不同種水果的味道、同一種水果但不同熟度的味道、果皮厚薄不同的味道、經過擠壓揉捏前後的味道等。	檸檬擠壓過比沒有擠壓的香味更明朗而有清爽感
味覺	從切好的水果中撿幾塊來慢慢品嘗，切成不同形狀在嘴裡的口感、含著跟咬下去之後的味道變化、不同水果的風味等。	柳橙和葡萄柚都很有水分，但柳橙很甜，葡萄柚帶苦味
觸覺	用手指、手掌去感受水果表面的觸感和質地，輕輕摸和用力摸有沒有不同感覺等。	輕輕摸過芒果皮，摸起來冰冰滑滑的

　　就像玩個遊戲，你可能從來沒有這麼認真得跟水果互動過，但此時此刻，你用感官經驗的專注和探索，帶自己進入到療癒的頻道中。

感動

　　保持一種開放、好奇、流動的心情，去注意每一個動態時刻的感受。你可能會在料理的過程中，回憶起些什麼、有些情緒和想法會出現，可能會有快樂的，也有可能是正在讓你困擾的，不舒服的，出現了也沒有關係，因為很正常，你可以不要用力的去想它們，只要知道它們出現，然後把注意力繼續集中到你眼前、手邊正在做的料理工作上，回到感受開啟的狀態，去注意當下你的料理的變化。例如水果們被放在鍋子裡，你打開火的時候，想到了最近讓你生氣的事情，你注意到生氣的感受、胸口悶悶的，

此時就讓自己再注意一次鍋子裡，水果們的顏色是否起了變化、香味飄出來了嗎？試著專心地攪拌一下，是否更多的果汁跑出來？你繼續地攪拌，水果們的質地是否在改變…等。

這些的觀察注意裡，有可能會為你帶來更多的想法，或者是相關記憶的連結，例如說你曾經在哪邊聞過類似的香甜味道、或想起誰也在煮果醬的身影，也許會伴隨更多的情緒、也許不會。但無論你想起些什麼，都沒有關係。不用特別地再分神去想你頭腦裡出現的東西，只要注意到它們出現，然後就再回到你下一個料理的動作上就好。再來，你可以專心想著的是，這一次你所做的果醬會是什麼樣的味道呢？嗯，用了百香果加蘋果來煮，味道會是偏甜還是酸呢，是誰的味道會比較突出呢，然後再仔細地聞聞看當下飄上來的味道、聽聽鍋子裡面果醬加熱的聲音、感覺木匙在攪拌果醬時的阻力，把自己再次完全地投入到煮果醬這件事情上。讓你從當下實際能夠體驗到的事物中，把自己從各種不舒服的情緒想法裡，帶回到舒服自在安全的頻道上。

感謝

果醬煮好了，等它稍微放涼後當然可以趕快嚐一口，仔細地品味是自己想像的味道嗎，還是意想不到的味道呢。想要就這樣直接吃，還是想要把它拿來搭配優格、塗在麵包上或混到紅茶裡呢？留下想馬上吃的量之後，其他的裝瓶保存，可以挑個可愛的瓶子當成禮物送給自己，或其他想要送的人。然後給自己一點時間，沉澱一下、回顧一下剛才煮果醬的過程，你的感官接受到了哪些訊息、你的心思又飄到了哪裡、你又怎麼回到跟果醬的共舞。你可以拍照、可以寫下來，可以自己留存，也可以跟想要的人分

享，讓剛才這個愉快煮果醬的過程，更確實而完整地被記憶下來。

在這邊，藉由科學證據來給我們更多的信心，相信自我療癒讓自己能夠感覺到自在愉悅，也是一種可以被訓練且很需要練習的能力。希望大家在經歷做料理的專注投入過程裡，原本對頭腦中煩惱與負向情緒的注意力，就會因為時時刻刻保持在醒覺的當下而得以轉移出來，因此體驗到放鬆的感覺。雖然實際的問題並沒有消失，但放鬆之後會讓人有能量再去面對，這整個歷程也就是我在第一章就跟大家分享的四步驟。然而，要讓療癒確實能在腦中發生，也很仰賴我們有意識地讓自己進入到經驗中。因此，上面的「三步有感」練習，就是能夠幫助我們切換到療癒腦的狀態，確實地參與自己的每一個動態時刻，讓療癒調頻的做料理不是只是日常的煮食活動。慢慢的，也許就更能夠在自己掉進不舒服的頻道時，可以趕緊注意到，然後藉由照顧自己的活動讓調節情緒的腦區們運作起來，不斷地練習會讓新的神經連結得以長出來。然後你就會發現，自己不那麼容易被舊的路侷限，而能走到新的路去，在新的路上看出去的視野，就會重新再定義你的世界，形成一個正向的循環，帶自己感受、停留在更多舒服自在的風景裡。

參考文獻

*1 Marchand, W. R. (2014). Neural mechanisms of mindfulness and meditation： evidence from neuroimaging studies. World journal of radiology, 6(7), 471.

*2 Hofmann, W., Schmeichel, B. J., & Baddeley, A. D. (2012). Executive functions and self-regulation. Trends in cognitive sciences, 16(3), 174-180.

*3 Cappas, N. M., Andres-Hyman, R., & Davidson, L. (2005). What Psychotherapists Can Begin to Learn from Neuroscience： Seven Principles of a Brain-Based Psychotherapy. Psychotherapy： Theory, Research, Practice, Training, 42(3), 374.

*4 吳美麗（譯）(2018)。平靜的心，專注的大腦：禪修鍛鍊，如何改變身、心、大腦的科學與哲學（原作者：Goleman, D., Davidson, R. J., & Lei, S.）。臺北市：天下雜誌。

手作點心裡的力量

　　料理自療之所以成為我在日常生活中自我照顧的首選，真的是因為這其中蘊藏有許多魔力。除了自我照顧之外，在我自己幾次以料理為媒介帶領團體去體驗自療歷程的經驗中，包括一般家庭、弱勢家庭、特殊家庭以及情緒困擾的家庭，都可以觀察到許多在料理過程中產生的正向轉變。其實許多親子們在課程開始前的氣氛都較為緊張不安或甚至是疏離，但是隨著料理活動的進行，一些互動例如合作、討論等都會自然地出現，像是你一言我一語地討論要放什麼配料到披薩上頭，連平常據說話不多、面容嚴肅的爸爸都開口對小孩說「你記得你小時候最喜歡吃罐頭鳳梨嗎」，然後邊夾了一堆罐頭鳳梨到披薩麵皮上。當有趣的過去回憶開啟了話題，交流就出現了，小孩帶著笑意頑皮地回爸爸說「好像有這回事，所以你現在要做的是鳳梨披薩嗎，可是我不想只吃鳳梨耶」，在場的大家都笑了。親子的距離在過程中，悄悄地、自然地拉近，父親出現了有別以往的溫和態度，孩子也就順勢能夠表達自己的想法。也有小朋友很天真的說，以後媽媽去上班的時候他就可以在家煮飯了，辛苦的弱勢媽媽眼眶馬上泛起淚光。無論每一次開始前的氣氛是好或不好，有的時候也會遇到親子是吵了架才來的，通常只要在料理活動開始的一段時間後，氣氛都會自然地融洽起來。因此在體驗愉快的料理自療過程後，之後的討論時間裡，我就可以跟青少年和父母分享第一章第一節「四步走出情緒黑森林」所提到的四個步驟，引導大家回去後更能夠知道要如何照顧自己或互相提醒，甚至再有機會，用手作料理去表達說不

出口的感謝。而在料理活動的設計上，會有兩個主要的原則，讓大家可以在過程中發揮創造力，情感得以產生交流。

1. **「我」必須時時存在**：情境要讓大家是能夠專注的，且具有目標導向地去參與。因此要實際操作，親身體驗事情在自己手上是如何產生變化，如何被自己所掌控。而自己能夠透過雙手完成出一道料理，這樣發展出來的自我掌控感也有助於降低焦慮，提升信心。

2. **「自在」的狀態最好**：氛圍上就是鼓勵嘗試，無論原先是否會料理，此時此刻的目的都不是做五星大餐，而是享受料理過程的療癒性。且正向情緒本身就會讓人增加專注與創造力，而能夠產生各種問題解決的策略，也不容易把失敗的挫折感一併儲存到記憶裡頭去。

一旦有過經由料理成功自療的體驗，之後也比較容易把料理自療帶入到生活。煮飯這件事可能就不再只是日常生活中令人煩惱的環節，而是每天都可以療癒調頻的舒服時光。

回頭來看看做料理、點心這件事，其實是由很多分項的小任務（cooking task）組合而成的，包括構思要做什麼料理、決定之後要準備哪些食材、食材要怎樣的前置處理、料理時的先後順序、火候和調味的掌控，到最後呈盤的裝飾擺設，看似一氣呵成的事情，其實需要許多大腦的認知功能都運作得宜，彼此互相協調才能完成，例如要注意力才能持續關照食材的變化，需要工作記憶才能知道自己一步接一步的烹調程序，需要認知彈性才能知道出錯時要如何修正補救等。這些認知能力也都是由我們之前有提過的，大腦前額葉的執行功能所主導的能力群。所以完成這些任務的能力，也有研究拿來用在對腦傷、中風和老人的執行功能之評估上*1。

除了大腦認知功能的運作之外，做料理點心時，也會牽涉到其他的功能，像是身體要可以跟隨大腦送出的指令來動作，在學習做料理時，可能也會經過觀察模仿、口頭傳授、討論等程序，而在這些社會互動與料理製作本身的過程中，如果有引發出情緒，也會動用到情緒調控的功能，例如跟在婆婆媽媽旁邊看著料理過程和發問；做完點心跟親友分享，開啟餐桌話題等。無論是知識、情感的流動，或親友稱讚料理成果的回饋和愉快的用餐氛圍，都有機會形成美好的記憶，而化作成就感、歸屬感、幸福感等正向能量的來源，進一步增加個人的自信與良好的人際互動經驗。

目前，已經有多項研究在支持著，做料理能夠有助於促進身心健康和社會情緒互動，達到良性的循環而能提升個體的幸福感與生活品質。一項在紐西蘭的研究，調查訪問8500位青少年，結果顯示有做料理習慣和能力的青少年都有較佳的家庭關係連結、心理幸福感以及較低的自陳憂鬱症狀*2。在台灣，針對年長女性的調查顯示，越常做料理的女性會較常參與健康促進的行動（health-promoting behaviors），如收集健康的飲食資訊和親友分享交流等，也會有較少的健康風險行為（health risk behaviors）例如吸菸等，因此有較高的自陳幸福感與較佳的健康狀況*3。

除了呈現做料理與身心健康有正相關性的研究之外，也有將做料理為媒介進行治療性介入的研究。例如，在美國以燒燙傷中心的患者為對象，將近半數的參與者都非常同意其在參與料理團體課程後，焦慮感顯著地下降，包括在家裡廚房燒燙傷的受試者都是如此。且問卷訪談的結果表示，主要的原因來自於做料理的過程幫助他們，從持續關注在燒燙

傷的想法和感受中脫離出來，所以焦慮的感受得以下降*4。在以色列以癌症中心病患為對象的研究中，受試者參與為期10週的料理團體課程後，跟尚未參與課程的病患相比，正向情緒有顯著地提升，負向情緒也顯著地下降，且變得較會選擇有益健康的食物與料理方式，此外訪談結果也指出，病患感覺到自己能夠好好地進食，也是讓情緒變好的因素之一*5。在澳洲則有以社區中的一般成人為對象，招募自願的受試者參加一個為期10週的料理團體課程計畫。課程計畫中除了傳授料理技巧之外，也包括食材的認識與選擇、購買預算的規劃、食物營養概念等知識的衛教。研究結果發現，受試者參與料理課程計劃之後，在關於烹調與健康飲食的態度、想法、知識上都有顯著地提升，且也能感受到料理本身所帶來的樂趣。此外，受試者也有了較高的興趣和機會在家進行烹飪，家人們也因此能夠在餐桌團聚享受用餐的時光，創造出能讓家人親友們之間能夠互相交流訊息、互相給予支持的優質時間（quality time）。如此一來，家庭社會互動的關係也可以有所提升，額外的好處是透過健康的烹調大家也會吃到有益身心的食物。而對受試者也就是烹調者來說，也獲得到個人的成就感、愉悅感，而增加了自信，更多的健康與自我照顧訊息也會有更多的機會被傳遞交流*6。

從這些研究的例子中，我們可以看到的是料理所做出的食物不僅能滿足最基本的生存需求，在填飽自己和親朋好友的肚子們的時候，也會產生出一種利他（altruism）感受，而這種利他感受在當代團體治療大師歐文·亞隆（I.D. Yalom）的定義，即是個體在為他人提供協助、關懷的交流中，自己也因此獲得正向感受。因此，透過料理所串連起來的人際互動，給別人能量的同時也會覺得自己被加油到了。

　　最後，再讓我們從食物與享用食物本身的角度來看一下。關於吃，直覺上可以想像的是，把用心煮好的食物認真地吃到肚子裡面，營養被好好地消化送到全身，就能夠增加健康。尤其我們的大腦，如同我們在上一節「頭腦亮起的光點們」裡頭知道的，生活中的各種大小事都需要大腦活化去參與，即便是當你覺得你的腦袋正在放空的時候，其實他都還是在奮力運轉著，所以非常地消耗能量，更別說是要處理情緒的時候，大腦所需要耗費的是難以想像的大量資源。澳洲西雪梨大學健康研究中心（NICM Health Research Institute）的研究團隊，在2015年於醫學期刊《The Lancet Psychiatry》發表的一篇研究指出，大腦運作有著極高的新陳代謝率，需要佔用驚人大量的身體能源，所以當身體營養素不足的時候，大腦就沒有足夠的能量運作，也就很有可能會影響到情緒和免疫功能的調節。因為神經營養因子（neurotrophic factors）會直接影響大腦中神經的可塑性與神經修復的功能，所以很需要足夠營養素來供應神經營養因子的形成。其團隊整理的實驗結果也發現，若在心理治療中搭配飲食諮詢，學習攝取適當營養時，對於憂鬱的治療成效很有幫助。因此，研究團隊建議選擇以營養考量為基礎，補充對神經滋養有益的營養素（nutrient-based supplements），例如 ω 3脂肪酸（Omega-3 fatty acids）、維他命B、D、鋅、色胺酸等。藉由足夠營養素合成大腦中調節情緒所需的化學物質，例如血清素，所以我們可以從富含這些營養素的食物進行選取並食用，應能夠有助於大腦在情緒問題的調節*7。

　　說到這裡，大家是否想起了有一陣子在媒體、網路上都很流行的一個，號稱能治療憂鬱的方法－就是吃香蕉。那麼吃香蕉真的能夠治好憂鬱嗎？雖然香蕉（尤其是皮）中確實含有助於合成血清素前驅物質的色胺酸，但

其實可能要吃到非常大的量，而且還不一定都能夠有效地被轉化成可以進到大腦裡面的分子。因此，重點還是在療癒行為的本身，是專注在療癒調頻的當下，大腦就會更直接地釋放出需要、適量的神經化學物質，重複的經驗則有助於神經連結的增強或重塑。食物的營養，比較像是後援部隊，是在過程當中補充能量的重要輔助因子。所以與其靠香蕉吃到飽來改善情緒，實際上更需要也真正有效的是利用香蕉來做個料理或點心，然後開開心心地自己吃或找別人分享。

在這邊，我們可以一起來練習設計自己的好心情食譜，自己做自己的食譜既可以是優質的療癒調頻，又可以吃得到幫助大腦的營養，好處一網打盡。首先，可以參考好心情食物表格，接著從裡面選出你幾項想吃食物或最近很少吃到的食物，然後試著把食物們排列組合，變成一種料理或點心。不用太擔心做出失敗的作品，因為過程中你可以保持彈性，隨時變更配方和調味，幫做好的食物取個名字也會是很有趣的事，專心地享受這個天馬行空的創意過程吧！

好心情食物表	
鈣	綠葉蔬菜、牛奶及其製品、小魚乾、蝦米、奇異果、黑芝麻等。
鎂	全穀類、綠色蔬菜、豆類、堅果類、牛奶及其製品、海鮮類。
色胺酸	肉類、牛奶及其製品、豆類、堅果類（以葵花子、芝麻、南瓜子含量最高）、香蕉等。
醣類	醣助眠效果最好，但也最容易造成肥胖、讓血糖升高。建議可選擇多醣類的食物，如五穀根莖類。
維生素B群	海鮮、肉類、全穀類、堅果類。
ω 3脂肪酸	奇亞籽、野生深海魚、酪梨、核桃、豆腐、冬瓜、冷壓初榨的植物油，如橄欖油等。

香蕉＋堅果＋牛奶＋蜂蜜＝蕉慮掰掰牛奶

 蘋果＋起司＋全麥麵包＝蘋心靜氣三明治

　　如果你是每天都要煮飯的人，那這個遊戲就是大大的鼓勵你，聽聽自己身體和心理的聲音，想要用什麼樣的食物來滋養自己。如果真的沒有心情也沒有胃口，不知道要怎麼開始的話，也可以試著就隨機選出3、5、7種顏色的食材，大膽地嘗試搭配看看吧，說不定你會意外的得到一個超美味的食譜唷。重點是那個可以、願意、相信自己靜下來，好好照顧自己的這個歷程。有時間的話就翻翻食譜、好好構思做個複雜的大菜，沒時間就煮壺紅茶加牛奶、把優格拿出來淋上蜂蜜或果醬，簡簡單單允許自己去感受、沈浸其中的時光。

　　如果你現在就想動手做料理了，歡迎翻到第四章p.138，料理自療點心舖裡提供了一些簡單可以完成的食譜，就讓自己來試著體驗手作點心裡的力量吧！

參考文獻

*1 Farmer, N., Touchton-Leonard, K., & Ross, A. (2018). Psychosocial benefits of cooking interventions： A systematic review. Health Education & Behavior, 45(2), 167-180.

*2 Utter, J., Denny, S., Lucassen, M., & Dyson, B. (2016). Adolescent cooking abilities and behaviors：Associations with nutrition and emotional well-being. Journal of nutrition education and behavior, 48(1), 35-41.

*3 Chen, R. C. Y., Lee, M. S., Chang, Y. H., & Wahlqvist, M. L. (2012). Cooking frequency may enhance survival in Taiwanese elderly. Public health nutrition, 15(7), 1142-1149.

*4 Hill, K. H., O'Brien, K. A., & Yurt, R. W. (2007). Therapeutic efficacy of a therapeutic cooking group from the patients' perspective. Journal of burn care & research, 28(2), 324-327.

*5 Barak-Nahum, A., Haim, L. B., & Ginzburg, K. (2016). When life gives you lemons： The effectiveness of culinary group intervention among cancer patients. Social Science & Medicine, 166, 1-8.

*6 Herbert, J., Flego, A., Gibbs, L., Waters, E., Swinburn, B., Reynolds, J., & Moodie, M. (2014). Wider impacts of a 10-week community cooking skills program-Jamie's Ministry of Food, Australia. BMC Public Health, 14(1), 1161.

*7 Sarris, J., Logan, A. C., Akbaraly, T. N., Amminger, G. P., Balanzá-Martínez, V., Freeman, M. P., ... & Nanri, A. (2015). Nutritional medicine as mainstream in psychiatry. The Lancet Psychiatry, 2(3), 271-274.

第三節

看見故事裡的故事

　　大家想得起來自己最近一次看到的故事嗎？不論是電視劇、動畫卡通、電影、繪本，甚至許多廣告，都是一個又一個的故事，而故事裡面都是一段又一段濃縮的生命剪影。喜歡看卡通，有時純粹放空，進入趣幻的異想世界，有時，則是不知不覺地期待著故事發展的小小片段，也能帶來一語驚醒夢中人的效果。最近看到的，是發生在日本江戶時代的小故事。一個落魄武士帶著一家妻小餐風露宿，漂泊與饑寒中的孩子無疑是抵不住病魔，著急的武士終究也是個父親，經歷一番拉扯，武士決定放下身段。將曾引以為傲、專門保衛主公的劍術，轉作能養家餬口的技藝。生活逐漸有了起色，武士語重心長地向一路跟隨的妻子道出不捨與感謝。妻子的回應是這樣。

　　武士妻：「您看，我的手這麼小，給我太多的幸福，也會不小心從指縫間溜走的，抓得住的幸福，才是幸福。」

　　嗯，武士放下自尊驕傲、守護家庭的決心固然感人。然而妻子的苦中作樂，知足能安更令人動容。雖然只是短短卡通片段中的角色，但摒除掉時代對女性角色的枷鎖，經歷周折辛苦依然能如此感受如此言語的妻

子，在我的想像裡，無疑是個具備正向特質的人呀！前美國心理協會（APA）主席馬丁·塞利格曼博士指出，具備並能發揮正向特質的人，具有較高的自我掌控感，即使遭遇逆境，也較能夠去發現與利用自己的內外在資源，讓自己透過彈性地轉化想法，使自己從危機中依然找到力量度過，甚至誕生出新的力量。自然，也就不會輕易落入負面的情緒狀態中。無論是故事裡有明著說的，或者是沒有表達的，但因為投入了觀看，自己就能產生聯想。聯想，可以帶來對故事寓意的體會，也可以帶來身歷其境的體驗。想到了這些，就更喜歡看故事。

每次只要看到好的故事，身心都被鼓舞時，就會覺得真的是賺到了。因為不用真的跟主角一樣翻山越嶺、度過大海或被怪獸追著跑，被一口吞掉再想辦法從怪獸的肚子裡出來，就可以充分地享受到冒險和熱血，在驚險刺激中感受到生存的力量和勇氣；不用真的餓著肚子躲避空襲和忍受分離，只是要付出大量眼淚，就能跨越戰爭的無情，感受生命的珍貴；看著吊車尾的主角在譏笑漫罵中從不放棄努力，而努力終究會被看見，就好像自己的挫折可以變得微不足道，只想也繼續加油就好；或者是，自己彷彿也進到了某個車站，等待著、期待著就可以一起坐上毛茸茸的巴士，在夜晚的天空裡大肆地喧嘩玩耍。如果你看了這些故事的小片段也有感覺，能想像或是有畫面，那就表示，你的記憶系統已經運作起來了。若是感觸很深，那麼，便是記憶也帶著你，將看到的東西跟你儲存在腦中的生命故事片段，做了某種程度的連結，可能也會因此引發更多的思考，為那段生命經驗添加進新的元素。

　　由此可見，故事要能夠有感觸，主要仰賴的就是「記憶」。如果有看過哈利波特的電影，這時候應該很可以浮現一個畫面，是手拿魔杖的巫師們，從太陽穴抽出一條銀白的煙霧，放到魔法瓶或儲思盆裡，如果跳進去儲思盆裡還可以像看電影一般，清楚看見那段記憶的內容。如果也能夠像這樣子的話，我們是不是就可以更乾淨、輕鬆地管理我們頭腦裡面的記憶呢。可惜的是，現實生活中我們無法像這樣直接窺探一段記憶，我們的記憶也無法乾乾淨淨得單獨分離出來。如同專門研究記憶的美國認知心理學家伊莉莎白·羅芙托斯博士的比喻「記憶就好像一匙牛奶攪入一盆清水，而每個人腦海裏包含幾千萬個這種模糊不清的記憶，有誰能夠分離出水中的牛奶？」。

　　這是因為，記憶的機制非常複雜。目前的神經科學研究顯示，大腦裡面沒有一個專門管理學習與記憶的結構，大腦就像一個巨大的倉儲工廠，裡頭的記憶材料、貨物應有盡有，但同樣類型的材料貨物可能會因為功能或是新舊不同，被存放在不同的大腦區域，各個記憶系統再依照需求，從各個區域調來需要的東西，或者是調來零件再加以組合成實體。所以，不同的記憶系統會需要不同腦區的支持，一個腦區也可以參與多個記憶系統，而一個記憶系統也含有多個腦區的運作，彼此沒有一對一關係。但基本上，記憶系統的運作就是依靠著從生活事件、實際體驗中登錄進各種記憶材料，再經過以前儲存好的知識經驗主動地挑選、解說，形成有意義的片段保存到適合的腦區，等到要用的時候再透過前額葉等腦區的活化，將記憶提取出來，變成概念想法或是語言表達。因此只要記憶系統運作得宜，我們會知道昨天的自己跟今天的自己可能有哪些改變，會知道發生了什麼事使自己有了什麼不同，能夠藉由過去經

驗使我們去想像和模擬未來可能發生的情境，形成對未來的計畫，簡單來說就是「鑑往知來」的能力。

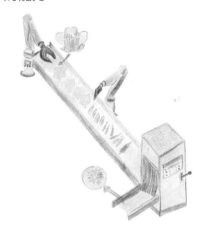

故事之所以動人，正是因為它裡頭可能充滿創作者腦中的記憶材料，而這些材料打動了我們的記憶系統。我們如此依賴記憶而活著，所以無論是生活中新形成的記憶、過去長久累積下來的記憶、被故事引發的記憶，都不斷以各種方式在影響著我們。我們相信記憶，因為那是我們曾經親身體驗過的，然而因為每天的生活充滿大大小小的細節，如果全部都要用相同的方式去記得，那記憶的容量可能很快就會被填滿，頭腦也會運轉過熱而當機。因此，再如羅芙托斯博士所說的，記憶是個「依據原有認知架構去重新建構的歷程」，我們在把日常生活發生的事放到頭腦裡面的時候，大多都會經過了篩選和解說，所以事件並不會以它原來的面貌原封不動的進到頭腦裡。無論是對過去記憶的提取，或是當下訊息的重新輸入、儲存，過程中都會受在我們內、外在世界的影響，所以雖然有些記憶的形成是很少意識的參與（如PTSD的創傷記憶），但它也有可能可以被拉到意識的層次，經過我們的解說、處理而形成新的記

憶。就像在煮火鍋一樣，我們每天不斷吸收新的訊息，添加進我們的記憶火鍋裡，隨著添加的材料不同、熬煮的方式改變，即使都是麻辣鍋，也會有不同的風味。

所以說，昨天的記憶跟今天的記憶不會完全一樣，這也就宣告一個契機，即便是昨天的痛苦記憶，也有機會被今天新添入的希望記憶給改變。換個角度來說，我們若是能夠為自己提供正向的體驗，在腦中一定也會留下令人難忘的記憶，而當這些屬於正向改變的記憶又改變了過去的負面回憶，就很有機會將我們導向生命的新方向。

想像一下，故事的主角在之前煮火鍋的時候，匆忙分心中不小心打翻火鍋又燙傷手腳，晚餐飛了還得忍痛上醫院，好不容易傷好了，跨年聚餐時朋友又相約要煮火鍋，光是備料的時候主角就覺得自己手在發抖，心裡暗罵著「幹嘛沒事要吃火鍋呢！」，但他注意到自己的緊張害怕後，暫停一下深呼吸，提醒自己把注意力集中到材料的切洗、聞聞味道、漂亮得擺放到鍋子裡，隨著朋友來幫忙，火鍋的香味、溫暖的蒸汽、熱鬧的氣氛，慢慢地都讓他安心下來，等到鍋子再次掀開，一碗料多味美捧在手裡，吹涼了送入口中，一碗接一碗，轉頭，笑著說「冬天聚會，果然吃火鍋最好」。透過料理自療的四步驟，讓新一次的煮火鍋經驗充滿療癒性，那麼原來的驚嚇火鍋記憶就獲得重建，再下一次的時候，主角就可以開心期待地準備煮火鍋了。

這個記憶能夠重新建構的特質，是一個自我療癒能達成的關鍵。重點在於我們能夠藉由看故事的過程中，創造一個機會，讓自己安全、適度地冒險，去面對記憶當中的不安，或是從別人的故事當中尋找問題解決的可能性，和新的策略靈感。並非完全的複製故事角色的思考或行動，

也不可能只是看看故事，困難煩惱就會得到解答，核心的價值是讓自己透過這個找答案的過程中，把過去記憶提取出來，讓自己能進行有效、有意義地重新整理，再把整理好的記憶銜接、過渡到真實生活中。而有意識的自我療癒過程，也會形成一個新的正向記憶，當這些屬於正向改變的記憶不斷地累積，這些經驗就會因為神經可塑性，使我們的大腦產生改變。當再度面臨危機或狀況不佳時，就可以提取自己曾親身經歷的化險為夷，引導自己因應新遇到的問題。

還記得我在第一章第一節裡分享的「腳踏車不見了」的事件嗎？那一次的經驗，讓我開啟了透過料理來自我療癒的過程，在我的記憶中，親人逝去的失落、悲傷也因此得到了新的解說，即使無法面對面說話，他們存在的回憶也能轉化成持續陪伴在我身旁的滋養力量。是的，**雖然過去發生的事實並不會改變，但是記憶裡面的痛苦可以改變**。在此跟料理自療點心舖 裡的小動物們一起，誠心的祝福與邀請，看了這本書的你，可以在每一個故事中，每一次的手作料理體驗裡，充分地療癒到自己，舒服自在地，療癒生活下去。

當，主角是我

　　閱讀故事最享受的方法，就是找一個你喜歡的地方，靠窗邊的桌椅上，放杯對味的飲料陪著你；窩在床上或沙發的角落，被一堆舒服的枕頭抱著；氣氛閒適的咖啡廳裡，習慣的座位和迷人的香味；或者是抬頭可以看見自然風景的秘密小天地…。都很好。可以讓料理自療點心舖裡的小動物們一起繼續陪著你，從第一篇開始一路看下去，也可以從目錄上挑一個最吸引你的故事開始，更可以隨興地一翻，就進入到那個主角的世界一同旅行。

　　在故事中盡情地去感覺，然後，試著跟自己玩一個遊戲，就是在故事裡面，發現了第一章第一節說的四個步驟時，幫自己搜集一個點數，也許是畫一個笑臉在 P.63 的點數蒐集區，也許是拍下你發現、體會的瞬間。至於搜集完點數會怎麼樣，要做什麼呢？歡迎你在照顧自己的方向上，自由發揮創意吧！

點數蒐集區

烤甜甜圈—————————內心空虛害怕了

煎鬆餅—————————生活壓力好大了

法式薄餅————————身體形象不一樣了

咖哩——————————外表讓我不自在了

香蕉巧克力馬芬————親密關係卡關了

黑糖薑汁牛奶————————生活失去熱情了

三明治—————————迎合大家好累了

優格佐鮮果醬—————親愛的人不在了

第一節

烤甜甜圈——內心空虛害怕了

那種感覺又來了

甜甜圈的眉頭皺起、胸口悶悶的、手腳怎麼好像都無法放鬆下來

覺得周遭的安靜充滿嗡嗡作響的壓迫感

甜甜圈從過去無數次的感覺中已經知道

自己的心中似乎就是有那樣一個洞

每當現在的伴侶糖粉不在時

這個洞的存在還是會變得很有感覺

以前的自己因為還不太能意識到這個洞的存在

只有常常感覺到自己好像很怕自己一個人

一個人的時候就覺得自己好像是世界上最難吃的那一個，既乾癟又無味

所以只要這種慌慌空空的感覺一出現

甜甜圈就會想趕快去找到能依賴的另一半

想到過去的伴侶們

喜歡到處沾染彩色糖珠、狂野不羈的巧克力醬

個性固執、沈默寡言的芝麻醬

一直跟麵包藕斷絲連、優柔寡斷的起司

非常愛吃醋，一吃醋就大發脾氣的檸檬糖霜

比自己更依賴，更無法獨處的幼稚橘子果醬

總之，無論適不適合，對方究竟是否在乎、珍惜自己

「只要不是自己一個人就好了」甜甜圈總是這樣對自己說

但是，受傷多了，自我安慰久了，也看了一些談論關係的書

甜甜圈終於發現到自己心中的那個洞

就在自己努力著學習跟自己相處的時候

在一個讀書的討論會裡遇見了糖粉

這一次，甜甜圈感覺到糖粉給自己的感覺跟之前的伴侶都不太一樣

糖粉用真誠而單純的味道

總是輕輕暖暖地將甜甜圈包裹住

又給了自己充分的空間去呼吸

能讓自己在他面前卸下許多偽裝

也慢慢的學會了可以不要急著用配合、討好的方式來留住另一半

但當糖粉不在的時候，還是會不自覺的心慌起來

儘管其實心裡都明白

糖粉已經是自己從好多段失敗的組合關係後，遇上的最穩定的存在了

只是當心裡面空空的部分跑出來時

一不小心還是會把自己帶到各種腦海中的痛苦裡

甜甜圈試著摸了摸自己空空的心

突然想到「對了，我還有我的毛毛君阿」

那是前一陣子自己為了轉換心情胡亂逛街時

無意間在小店看到了好可愛的甜甜圈吊飾

每個綴上各種不同的口味又膨膨彈彈的樣子，充滿了暖意

「這是用什麼做的呀」甜甜圈忍不住問

「羊毛氈唷」

「羊毛⋯氈？」

甜甜圈腦中浮現了一堆圓滾滾毛茸茸的綿羊聚在一起發抖，不禁笑了出來

「嗯，羊毛氈，是一種用特殊的針，然後反覆的戳刺把羊毛變成各種想要的形狀，組合起來就變成小物啦。掃描這個QR CODE可以看到教學影片唷！」

回家滑了影片跟著一起做，竟也迷上了

甜甜圈起身去拿出取名為「毛毛君」那個裝滿道具的籃子

在紙上大致地畫下這天想做出的樣子

便開始戳了起來，一針一針專注而投入地刺著

讓羊毛團逐漸變成想要的形狀

一個一個，戳出了幾個小小的甜甜圈

再仔細地看了看他們，仿佛好多小小的自己

甜甜圈輕撫著每個小甜甜圈中間空著的部分

像是在安撫自己一般

但是好像不需要任何言語，只有手指與羊毛甜甜圈接觸的對話

時而把他們舉到眼前，透過那個空洞看出去

世界好像變得小小的，但有種視野變單純的趣味

「那吹氣會怎麼樣呢？」

甜甜圈換成把小甜甜圈拿到口前，對著空洞吹氣

雖然沒有想像中的吹出聲音，但能感受到受阻的空氣拂過臉頰的感覺

「暖暖的…」

這讓糖粉存在的形象被招喚出來一樣

甜甜圈再度開始專注地投入戳刺的行動

為小甜甜圈們逐一地添上糖粉般的小線球

讓糖粉溫暖的存在變得更踏實

玩著玩著，甜甜圈不知不覺間感受到

對於空洞，好像除了硬要填滿它之外

如何看待這個洞，好像還有其他的可能性

也許就只是，有一個可以讓各種感受流動的存在

這個空洞沒那麼礙眼了

剛才皺起的眉頭鬆開了，呼吸也變得順暢

周遭的安靜也顯得輕盈了起來

甜甜圈正認真地體驗著這些感受的變化時

「我回來了！」

聽到了糖粉的聲音，才發現自己已經完全沈浸在跟自己相處的世界

原來總是會感覺自己被丟下而驚慌失措的時間，竟不知不覺得過去了

「呵呵，你看～」

甜甜圈秀出雙手捧著的、剛做好的，熱騰騰的小甜甜圈

用安心的聲音笑著説。

小熊師的 點心話

　在關係中，能夠獨立自在，能體會在一個人的時間空間有自己可以跟自己相依偎的事情，至少會是穩定長久的第一步。這個，拿個具體的樣子來想像，我覺得大概就像甜甜圈的形象吧！

　外圈的香甜綿密，需要累積、共享，更需要衝突再調和，醞釀成關係中心意交織相互扶持的美妙滋味。然而裡邊的空心，絕對不是用來空虛、空洞、空悲傷的。這個空，是空間，是讓關係可以流動的空間，是兩人各自在生活中獨立努力的部分。盛裝著工作必須的專注，也可以盛裝屬於自我所需的獨處。

　因為越是像伴侶如此緊密的共同體，越是需要彼此的空間，安全感底下的空間可以為關係帶來彈性和放鬆。足夠的彈性也讓雙方能夠去體驗親密關係中必然存在的不完美，並在不完美中包容接納與探索改變的機會。何不現在就起身，打個雞蛋牛奶拌個粉，烤盤鬆軟香甜的鬆餅甜甜圈，搭配一壺鮮奶加錫蘭的冰奶茶，仔細地品味一下這一空一滿形成的有趣對比吧！

第二節

煎鬆餅──生活壓力好大了

煎鬆餅今天只想好好放空一下

望著窗外藍天浮著軟軟的雲

和過了一晚就從含苞綻放的茶花傳來淡雅清香

煎鬆餅的這個念頭此時變得更加強烈了

身處在一個充滿競爭的環境

煎鬆餅的生活氛圍一直都是要不斷的自我提升、求新求變

彷彿只要暫停一下喘口氣就會被世界淘汰一樣

跟格子鬆餅界的長期戰爭自然不在話下

前陣子流行起來的比利時烈日鬆餅也是讓偏頭痛時常發作的來源

連銅鑼燒都挾著歷史文化與動畫角色的加持

推陳出新了各種夾餡口味

對配料搭配的選擇帶來了不小威脅

就是這樣的環境、這樣的世界潮流

讓整個煎鬆餅界確實一刻都不得鬆懈

虧自己的名字還有個鬆字呢

到底從什麼時候開始的？

發呆好像變成一種罪過

無所事事的樣子就要被貼上不夠積極的標籤

想要喘口氣都被視為還不夠努力

自己似乎是無從選擇地認同了這種價值，所以就一直這麼往前衝著

煎鬆餅用力地搜尋著記憶中，不知道是何時的上一次放空

「阿，那一次阿⋯」

煎鬆餅突然打了個冷顫

記得那次自己也是覺得好像到了極限想要自己放空一下

所以就什麼都不做地癱在沙發上

眼睛是閉上了

但腦中突然出現的是前一週會議中

自己提案改用米漿和麵卻被其他煎鬆餅大力否決的聲音、接著是畫面

接著是被客戶嫌棄身段不夠柔軟的那次⋯

各種類似的挫敗場景在腦中飄來換去

一個牽一個彷彿做惡夢一般

雖然什麼都沒做的癱著，張開眼睛後卻是更加無力的疲憊

大概也是從那次被自己嚇到了之後，就不敢再想到要放空了吧

「呼～」

但其實「好想放空阿」又是時常被掛在內心的渴望

深深吐了一口氣的煎鬆餅再度把頭轉向窗外

煎鬆餅看著窗外茶花開得像在對自己招手的樣子

索性決定走到陽台

原只是想湊近了看看花朵盛開

沒想到竟從粉紅花瓣中逸出淡淡的茶葉混著蜂蜜的香氣

隨著呼吸輕輕鬆鬆地進到身體裡

煎鬆餅就這樣停在花前聞香許久

直到姿勢實在僵硬了，伸個懶腰加深呼吸時

「咦？好像有其他的香味」

才發現旁邊那棵，原來以為在休眠中的桂花

也有小朵小朵成串地在枝頭間穿梭

煎鬆餅轉身回廚房

泡了壺烏龍茶出來，把桂花稍微用水沖過就丟進茶壺裡

小朵小朵的白花先是在琥珀色的茶湯舒適的漂浮著

不知是否是吸收了水份，便又一朵一朵的緩緩下沉

盯著看了一陣，才又被不斷飄出的茶香吸引

倒了一杯放在鼻前，仔細地聞著

兩種味道時而互不相讓，時而相融互補

深沈中帶著清雅，讓煎鬆餅玩興大起

決定將其中一朵嬌貴的粉紅山茶，整朵連著花托一起採下

放進了廣口的玻璃瓶裡，再豪邁地注滿吟釀清酒

花朵被微微沖起、輕輕地晃動著

煎鬆餅拿起瓶子靠近一聞

先是撲鼻而來的酒香，再稍微搖晃個幾下之後

把自己吸引出來的茶花，香氣幽幽微微得飄散出來

「哈哈，茶花酒，再泡個幾天不知道會變成什麼樣子呢」

以往的自己總是會拿出手機認真的搜尋一番最正統的做法

仔細地寫下，還得在頭腦裡演練個數次才敢真的動手做

但，此時此刻，煎鬆餅只有完全的沈浸在自己和味道們的對話

花香、茶香、酒香

自己彷彿變成了古代的詩人

風雅的玩心和自由讓原本在頭腦裡束得緊緊的帶子鬆開來了

隨著香氣的引導，進入好專心的世界，就這樣鬆開來了

鬆餅界戰爭的緊張輪廓、自我壓榨的疲憊感也都變得模糊

煎鬆餅撕下　截紙膠帶，寫了句話

「原來專注放空，就是最好的發呆休息呀！」

貼在自製的茶花酒上，擺在家中最顯眼的位置上。

小熊師的
點心話

　　在一場談如何調適壓力與放鬆自己的講座中，我嘗試帶領大家練習如何透過五感（視聽嗅味觸），培養對自我感受的覺察與放鬆策略的建立時，底下的聽眾對於透過味道的療癒很有共鳴，還有成員在分享心得的時候，害羞地舉起手，分享了「另一半的味道」如何讓她的心情可以平靜下來。哇～這的確是一件有趣的事實唷！

　　當你現在看到這篇文章的時候，是否已經有一些熟悉的、喜歡的、愉悅的味道，從記憶的那一端蔓延上來了呢？而這樣的味道，是否稍稍的改變你上一刻的情緒或想法呢？

　　是的，味道雖然看不見也伸手摸不著，但卻確實能夠暗中牽引，影響我們的情緒，思考及行動。這是因為當我們的嗅覺細胞「嗅出」某物時，它發出的信號可以直達「邊緣系統」這個最古老，掌管情緒和欲望的區域，而被以感受的方式儲存起來。嗅覺也是最早發展的感官，子宮中的胚胎13週大時，開始發展嗅覺，胎兒大約在5個月大時就能聞到羊水的味道，一出生時就能開始透過媽媽的味道而產生依附連結。

　　因此，充滿安心感受的氣味，無論是媽媽的味道、另一半身上的味道、喜歡的食物花草的味道等，都能夠在出現的時候帶領自己重回到到熟悉、安全的感覺。這一次，試著做做看充滿豐富香氣的簡單料理，將製作過程中的愉悅氣味專注地輸入進大腦的情緒中樞，為自己創造並儲存暖心的力量吧！

第三節

法式薄餅──身體形象不一樣了

「阿，法國麵包的店終於要開了呢！」

點開了通訊軟體裡的群組

裝潢佈置中的新店舖、忙碌模樣的法國麵包身影

一張張照片與製作精美的開幕邀請函叮叮咚咚地跳出來

「真好呀…」法式薄餅一邊滑著手機一邊喃喃自語

邊點開了群組裡頭的成員，看著大頭貼上的大家

心裡頭不禁想到

同期一起在法式甜點學校修業的夥伴們

有幾個都陸陸續續開了自己的店呢

上一個，是瑪德蓮開在大學旁邊，那間專賣現烤小蛋糕的店吧

相簿裡面還有大家一起去道賀的時候，因為剛好遇到一大群聞香而來的學生，跳下去一起幫忙的樣子呢

盯著照片呆看了一陣子，直到螢幕都轉黑了

法式薄餅從轉黑的螢幕中看到自己

「唉…」輕輕得嘆了口氣，但又旋即對著螢幕裡的自己擠眉弄眼

逗得自己噗疵地笑出來

因為想起已經花了好多時間，跟自己說好不再陷入自怨自艾裡了

重新滑開手機

打下「怎麼能不出席呢，帶滿滿的好運去給你」的訊息傳送後

法式薄餅決定去「那邊」走走

每次去到「那邊」，總是會讓自己有種在風浪中，可以重新穩下來的感覺

跳上公車，窗外飛過的風景不知不覺間變成了甜點修業學校裡的樣子

眼神晶亮地穿梭在各種材料間

一會兒喀噠喀噠地打出細緻發亮的柔順蛋糕糊

一會兒取出凍好的慕斯組合成珠寶盒般

一會兒將派皮層疊擀平了再層疊擀平

肚子餓到疼才發現忙著新食譜的製作整天沒吃東西

深夜離開時的頭腦裡，手還在反覆演練著擠出各式糖霜花朵的技巧

那時的法式薄餅可有雄心壯志了

懷著夢想好不容易進入殿堂

一心一意為自己勾勒的甜點店舖拼命努力著

直到，命運跟她下戰帖之前

也許有前兆也或許沒有

但法式薄餅開始注意到自己不對勁的時候

看到的世界已經變得搖晃而模糊

想著要多打幾次蛋的時候卻覺得蛋糊重得像化不開的水泥

即使休息了，身體仍是莫名得軟癱無力

硬撐著想多做些什麼，就會連呼吸都吃力得像在水底

從醫生那邊證實不是只是太疲憊，也不是休息就會好了之後

有一段時間，法式薄餅都把自己關在家裡

對著這種怪病的說明，看了就丟掉，丟了再撿回來看

一把藥物拿在手上，吞也不想丟也不行

跟醫生討價還價著各式治療方法

得到的答案都是不可能再回復到過去的自己了

沒有原因、問天問地都無法得到解答

法式薄餅會哭，哭著問為什麼是自己

法式薄餅生氣，生氣所有現實的無可奈何

法式薄餅羨慕，羨慕法國麵包的強韌的皮骨、羨慕千層酥皮的無盡熱情
體力、羨慕費南雪休息之後就能再接再厲…

一切都是在提醒自己接受一個現實

這個無緣無故就會疲憊無力的自己

是沒有辦法應付需要消耗大量體力的甜點師傅的工作的

就在法式薄餅發著呆想著未來到底在哪裡的日子裡

電鈴突然響起

「咦！喂…」應門後還來不及反應

就看到法國麵包接連著把好幾個紙袋搬到桌上

「這些是…？」法式薄餅眨著眼睛問

「幫我吃吃看再說吧！盤子！」法國麵包從袋子拿出一個個麵包

「雖然都是試做品，但也都是我的得意之作喔！」法國麵包邊說邊將麵包遞給法式薄餅

法式薄餅雖然還搞不清楚狀況

但陣陣的麵包香彷彿有穿透到身體的魔力

法式薄餅伸手拿起麵包，比看起來得輕盈又實在

輕敲麵包底部傳來悅耳的空氣回音

一口咬下酥脆的外皮就迫不急待得飛裂，露出彈性又濕潤的內芯

一個一個仔細地品嚐起來

單純的誘人麥香和天然微酸充斥在耀眼的孔洞中

法式薄餅認真地吃著麵包

頭腦中飄過各式對麵包的描述和想法

「這個的發酵時間是不是有點過頭了，皮比較厚，口感也比較粗一點？」

說出口時，法式薄餅自己也嚇了一跳

訝異著自己出現了除了生病之外，許久不見的其他想法

慶幸著靈敏纖細的味覺和源源不絕的創意似乎沒有被疾病給奪走

「什麼！真的耶！居然被你發現了，那這個呢，你再試試看」

法國麵包跟著試了幾口，邊拿出筆記本塗塗寫寫

法式薄餅看著忍不住笑了接著說「然後這個阿，雖然紮實過頭，但是做成法式吐司，煎得熱熱QQ的，說不定反而會更好吃喔！」

兩個人就這樣慢慢地試著一桌子的麵包

法國麵包認真地記錄下法式薄餅提出的意見

法式薄餅也樂得沈浸在食物帶來的美好感覺裡

就像進到自己最初想透過甜點將美好傳遞出去的目的裡

「我可能就像這些麵包吧，有些地方壞掉了，但是這些NG麵包雖然有不完美的地方，但也有意外好吃的地方。如果壞掉的地方不能改變，那可不可以有什麼新的方法給它新的風味呢？」

法式薄餅忘情地咀嚼著麵包，一邊想著

突然聽到法國麵包指著皺巴巴的紙問「這是什麼？」

見法式薄餅鼓起嘴巴不回話，「我可以看嗎？」法國麵包接著問

法式薄餅沒有拒絕，法國麵包看了一陣子後，點點頭

「我知道了，走吧！」法國麵包說

「走？走去哪？」法式薄餅又滿頭問號

「走路你一定還行吧！那就不要一直待在家裡啦！我雖然沒有生病，但如果像你這樣一定會越待越嚴重啦。」

法國麵包把法式薄餅拖去的地方，是當地的病友組織單位

「這是我剛在你那疊皺巴巴的紙上看到的啦，我是這樣想的啦，如果知道跟自己一樣的人是怎麼生活的，可能就會好過一點了吧！」法國麵包搔搔頭說

從此之後，法式薄餅偶爾就會自己去到組織那邊

透過其他的病友去瞭解這個病

觀察、接觸不同背景、不同人生階段的病友

也從幫助更重症的病友身上，感覺到自己還有能夠做到什麼的力量

這對法式薄餅來說好重要

因為自己有一度真的認為自己什麼都做不到了

法國麵包帶試做品來給試吃時，兩人也會一起去到「那邊」

藉著分享法國麵包的美味麵包，也感覺好像自己仍然在做自己想做的事

幾次常常遇到的蛋餅，是資深病友

或許是從小就發病了，蛋餅對於自己癱軟無力、頭暈莫名的身體狀況

有著像融雪山泉水般的清澈坦然

蛋餅說「我阿，討厭的是病，是生病這件事，但我並不討厭我自己喔！雖然跟正常人不能比，但反正本來就不能比了，反而很輕鬆耶，就做我做得到的事我就覺得我很棒了！」

法式薄餅好不容易忍住了抱住蛋餅大哭的衝動

硬是塞了一堆麵包到蛋餅懷裡

感謝從他身上分得到的能量

讓自己感覺卸下了許多綑在身上的「不可以」，自在了不少

心情得以轉換的法式薄餅學會常常跟自己對話

雖然具體自己能往什麼方向努力，還不清楚

但至少在心情上已經能接受自己的不舒服和限制

知道這樣的自己仍然是可以前進的

只是方式會跟自己原本期待的不同

也跟其他沒有生病的人不同

但自己必需走走看，才有機會看到後來的風景

哪怕是跟最絕望時的有那麼點不一樣，都算是美麗的了

法式薄餅知道自己看著在甜點界活躍的大家時，何嘗不羨慕

也不是沒有幻想過自己有一天可以跟誰交換身體

但自己好像已經能接受跟疾病和平共處

然而，這個妥協是為了讓自己能夠探索新的方式，好好走下去

隨著公車到站，法式薄餅已經覺得重新充滿了能量

去完了「那邊」之後，就決定直接去一趟法國麵包的店看看

裝潢得差不多的店裡還有些凌亂

法式薄餅不動聲色的拿起手機

拍下揉著麵糰、揮汗測試烤爐溫度、指揮著麵包籃擺放位置的法國麵包的各種身影

錄下法國麵包剛出爐時如小鳥叫般的清脆的聲響，那是最好吃的證明

正搭配了俏皮的文字放上社群網站時

「阿，你什麼時候來的？」忙昏頭的法國麵包總算發現

「不是說要帶好運給你嗎，所以就來幫你試吃麵包阿！」法式薄餅笑著說

剛出爐的麵包熱得燙手，但兩人都專心得吃著

「這個麵包有榛果的香味，如果搭配煎香的培根碎炒蘑菇，再灑上一點帕瑪森乳酪…天啊，或者…」好多的想法在法式薄餅的腦中飛竄

「阿！」法式薄餅突然叫了一聲

「怎麼了？燙到了嗎？還是麵包哪邊有問題？」法國麵包緊張得問

「不…這麵包很好…只是…」法式薄餅說

「只是…？」法國麵包摸不著頭腦的緊張

「只是，我好像知道了！」法式薄餅興奮地接著說

「我好像知道我可以做什麼了！在我體力允許的範圍內可以做到的事！」

法式薄餅整理好了思緒，把剛才浮現在腦海的想法跟法國麵包說

「雖然我的體力是沒辦法做甜點師傅了，但幸好我的味覺沒有壞掉。品嚐這件事讓我好開心，也覺得自己是還活得好好的，而且我也可以拍照寫字，把你超好吃的麵包分享出去。而且，我還想到很多可以搭配的食譜喔，可以拿來當宣傳，連包裝我都幫你想好囉！也許，我可以來做個美食宣傳家喔，就算不是親手做的，我還是把美味的療癒力量分享出去了！不錯吧！」

法式薄餅像孩子發現新世界般，雀躍地一口氣說完，回神

法國麵包回應的

是最溫暖有力、帶著出爐麵包香味的擁抱。

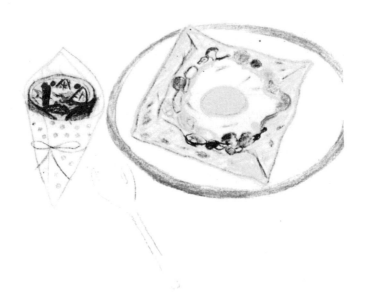

小熊師的
點心話

　　人如果突然生了什麼大病的時候，無論是身體的或是情緒的，天生的或意外造成的，其實感覺就很像莫名其妙中了一張彩票，但能換到的不是什麼大獎或變成千萬富翁，而是生活可能會完全不一樣，可能需要很大的治療或長期治療，需要很多的妥協與放棄，即使一點都不是你自願的。

　　然而，這種生命的轉折就像那麼大的石頭擺在眼前，用力的衝撞了幾次，受傷和眼淚都明白了它是搬不動、移不走的。那麼，放棄衝撞可能會是比較善待自己的選擇。因為都已經夠倒楣了，不是嗎。

　　遶過它吧！如果一定要有一些什麼會失去、會痛苦，那就送給它吧！接受中了彩票的自己，就是會有不夠完美的部分了，但只要能把心力放在還能努力的地方，也許就有機會發現自己還能拼博的那些舞台，如同輪椅籃球員、視障畫家、聽障記者等，在自己體力允許的範圍內做可以做到的事。

　　接納不夠好的自己的部分，是一段歷程，是得花力氣去走，且不斷在走的歷程。接受，但不放棄。就像法式薄餅一樣，將不夠完美的部分一起努力，溫柔地捲起來，淬煉出的豐富滋味，無可取代。

第四節

咖哩──外表讓我不自在了

「唉…」這不知道是第幾次嘆氣了

咖哩盯著手機裡那張在猶豫著要不要修圖的自拍照

伴隨著嘆息聲已經半個小時過去了

咖哩把手機往沙發床的角落一扔

索性不把照片上傳到社群網站了

反正自己也知道

就算得到了讚美，也其實不會真的感覺到多踏實的開心

只是讓自己反覆著這個循環

每一次都要花更多的心思來裝飾自己不知道到底想要的什麼

從小就常因為膚色不討喜被擺到後面的位置

沒有奶油燉菜的白皙可人

也不像普羅望司燉菜的妖嬈多姿

連同樣深膚色的魯肉，自己都少了那份晶亮潤澤的加持

雖然大家都說內在美最重要

但誰不知道人正真好

「天知道我付出許多時間和心力只希望自己能夠被看見阿」

咖哩意識到一口大氣又要嘆出來了之前

趕緊摀住自己的嘴巴

不知道是從哪邊流傳的

但總之，咖哩還是很相信嘆氣是會減福氣的

原本只是想要在春天的一開始分享一張照片而已

怎麼情緒都要糟糕起來了

咖哩咻地一聲站起來，決定開始整理家裡

「首先，就從那裡開始吧」

咖哩走向最大的壁櫥書櫃

整疊沒整理的書底下，有個快被壓扁的盒子

把書都拿開後打開盒子

「阿，是以前寫過一陣子的日記！」

咖哩輕撫過當時碰巧遇上的，那本手作織布封面的厚實筆記本

不自覺地就翻了開來

「我是我的世界裡最美麗的」

精心設計過的字體配上黑白洗鍊的插圖

咖哩不太記得這是當時的自信還是給自己鼓勵而寫下的

但似乎有一種，被陽光曬過的海浪拍打上腳踝的感覺

觸動著自己繼續翻開一頁又一頁

一頁一頁裡

時而動人的文字伴圖

時而只在空白的角落放上不知道哪裡剪下的微笑

與其說是日記，倒比較像是自己在跟自己說話的記錄

輕輕闔上筆記本再觸摸到美麗的編織封面時

咖哩感覺像全身都浸泡在溫涼的海水中

微微地漂浮著

發現自己原來曾經那麼相信過自己

除了外在條件之外的

自己也能欣賞的獨特的魅力

咖哩默默地把那格櫃子整理好

拿起美麗的筆記本站起來時

彷彿有種剛上岸的失重但渾身充滿洗滌能量的感覺

咖哩決定好好得面對自己

他決定重新再跟自己說話

「我想讓別人看見真的我，這樣的我，看見我的夠好」

咖哩在筆記本開始空白的那一頁重新寫下

而剩下的每一頁

咖哩決定用來記錄下抱持著新態度的自己

讓自己試著在跟別人相處時

能夠讓人感受到他內在豐沛真誠的活力，還有創意

他聯絡了兒時玩伴

膚色一樣黝黑的焦糖洋蔥

兩個人一起討論黑美眉的全面改造計畫

首先，接受自己這樣的膚色是第一步

心情上先知道不是一味地追求別人眼中的夠美

也不是大家都得遵守的美

當然，也不是故意反俗的搞怪抗議

嘗試穿搭出自己獨特的風格和韻味

泰式香草綠的開衩長洋裝搭上椰漿白的細紗圍巾

吸睛的辣度中多了一抹溫和

又或者

豆蔻色線條點綴的T-shirt外，罩上辣椒紅色的西裝外套

融合出熱情與知性兼具的深度

咖哩試著，只是認真的從自己想要欣賞自己的心出發，都好

第二步，就是俗稱的內在美了

有了自信的基礎，咖哩帶上了筆記本

試著去和不同風貌的世界接觸時，記錄下不同思考的火花

跟鮮蝦、貽貝分享的清新視野，讓他在海鮮界有了點名聲

跟優格、薑黃一起去做志工，讓他發現了更溫暖激勵人心的自己

還認識了白白胖胖、心胸開闊的麵團藝術家

攜手創作了名為『咖哩麵包』的裝置藝術

隨著筆記本的內頁變得飽滿

咖哩一面探索著各種接觸中的自己

一面試著展現出自己個性上的不同特色

最後這一步的記錄跟整理

更讓咖哩發現自己的風味真的變得深奧而豐富了

「吶，你知道嗎，原來欣賞自己的美好就足夠讓自己覺得美好，世界也會不知不覺地看見自己耶！」

看著兩人在彼此筆記本上交換寫下的心得

咖哩摟著一起進行計畫的焦糖洋蔥好友，暖暖地笑著。

小熊師的
點心話

　　說到咖哩呀，一個日常生活習以為常的食物，我居然是在一部漫畫中才第一次知道，原來咖哩並不是一個就叫「咖哩」的一道料理。它其實是一種料理的概念，就是把你想要的各種香料搭配好，然後迎接你喜歡的風味香氣，組合上對味的食材，最後形成的就是咖哩。所以，咖哩其實可以有無限變化的可能性，只要你想做想吃，你就能決定出自己專屬的咖哩。

　　就像漫畫裡面的人說「這世界上沒有難吃的咖哩」，我也覺得只要合胃口、有喜歡的就是好咖哩。人也是一樣，先接納自己還不夠好也沒關係，至少踏出第一步，才有動力去找到自己的夠好。因為正向特質絕對是可以探索與培養的，就從留意會讓你愉悅感動的人事物開始，為自己偷渡一些空白時間，讓自己有第一步願意喜歡自己的自信。也許，你會發現自己的型，可以像咖哩的世界無限寬廣。

第五節

香蕉巧克力馬芬──親密關係卡關了

「阿！」

巧克力抱起那疊看似堆在角落已久的書，卻不小心滑落了幾本

心裡頭的打算，是要把它們好好地擺回適當的位置

原因就是為了趁香蕉不在的時候

證明自己不是那個被指控「你就只是個什麼都不會幫忙做的人」

因為昨晚大吵了一架之後，香蕉就離家出走了

吵架的開頭，就是因為這疊書

他在找工作中突然需要的資料時

因為有些著急，一個不小心就踢到了這疊障礙物

巧克力的叫罵聲引來了香蕉

香蕉看了散倒的書和混亂的書櫃大概猜到了狀況

和聲的問「你在找什麼呢」，巧克力不語

香蕉又再問「那你需不需要我幫忙？」

「你為什麼不把你該做的事做好，為什麼東西都不收拾好？」巧克力音量提高的說

「我哪裡沒有收拾好了？」香蕉的音調也變了

「那不然這邊堆的一疊是什麼」巧克力指著地上問

「那是你說你想找時間好好看的書，所以不要放上書架弄混了」香蕉夾著怒氣的聲音傳來

巧克力停頓了一陣，心想「阿⋯好像有這回事⋯⋯」

但巧克力的自尊和腳小指頭傳上來的劇痛

讓他再次回神注意到的時候，已經是對著香蕉大吼著的指責

還有香蕉從委屈生氣逐漸轉為失望冷漠的表情

香蕉沈默著拿了包包就出門了

只有門關上的聲音，罕見的那麼重「碰！」

從回憶中回到現實的巧克力，彎身放下了手上的書

準備撿起剛才不小心滑落的那幾本時

被其中一本書給吸引了注意力

那一本的封面，是一個大大的雙層蛋糕

巧克力口味的深色蛋糕體，夾著柔和的香蕉色奶油

再淋上細緻晶亮的巧克力糖霜佐以優雅可人的香蕉花飾

那是香蕉為了他們婚禮自己動手做的蛋糕

也是香蕉用他們婚禮時的照片做成的相片書的封面

「這就是我們唷！」

香蕉笑的像水果剛摘下來的甜美樣子浮上眼前

巧克力也想起了自己開心地收下相片書

約定要找時間兩人一起回味的樣子

「它是什麼時候被其他書蓋住了呢？蓋住了多久了呢？」巧克力喃喃自語

當初剛結婚不久，巧克力就決定跟咖啡、紅茶一起共組事業

想要打造一個以「深邃苦韻、雋永人心」為訴求的品牌

新事業摸索著起步的過程，很常忙到回家時已是夜深人靜

出差去產地找尋契作和商討進口、打點通路

一、兩週沒有回家也算是常態

香蕉為了維持家計穩定，轉調到收入較高但比較忙碌的單位

重新適應著工作

原本都會一起聊天、分享生活的時間越來越少

各種忙亂讓兩人逐漸失去原有的相處步調

偶爾能夠相處時的互動也少了許多溫度

雖然自己並不習慣把辛苦、脆弱的事主動告知

但香蕉總是會注意到，然後給自己一些台階宣洩出來

當初就是因為喜歡，也很明白香蕉的柔軟香甜能夠調和自己的堅硬酸苦

「怎麼現在會變成這樣子呢」巧克力喃喃自語地出了書房

在只剩自己一個人的家裡到處走動看看

廚房裡，自己的幾個便當盒乾乾淨淨地在碗籃裡

冰箱上貼著每週要採購的、營養均衡的菜單筆記

客廳的桌上放著已經洗好但還沒來得及裝上去的窗簾

衣櫥裡有燙好掛好的襯衫和仔細摺好分類的襪子

整個家、還有自己，都在自己缺席的時候被這樣好好地照顧著

自己的事業會開始，也是從香蕉對著自己閃亮亮的眼神中得到了信心

香蕉也一如承諾的默默支持與陪伴

這一次，真的是自己該說對不起了

巧克力轉身回到書房拍下整理好的書櫃

再拍下一張用結婚相片書擋住臉，但加上表示歉意的貼圖表情的照片

一起傳了訊息給香蕉

巧克力覺得，即使是如此不會表達情感的自己

也是可以用這樣的方式傳達心意的

過了一陣子，收到香蕉傳回的一張照片說「這裡」

照片對焦在裝滿熱可可的白色磁杯

但背景的大片落地窗與窗外的樹和池水

巧克力一看就知道是哪裡，馬上回傳「等我」

那裡，是兩人認識結緣的咖啡廳

推開門，看到香蕉坐在那個熟悉又好久不見的位置

桌上的熱可可空了一半，空氣中傳來烤香蕉蛋糕的香味

巧克力在香蕉對面坐下

香蕉什麼都沒說，但是遞出了一張摺起來的紙

巧克力手感覺到自己的手微微在顫抖著，接過那張紙

「在等你來的路上，我寫了這個」香蕉說

「這是…？」巧克力盡量維持冷靜的問

「看了就知道，現在換你寫了」香蕉也一派輕鬆的回答

巧克力深呼吸了幾下，把紙打開

「欸？咦？嘎？」巧克力止不住的問號

香蕉笑了「驚訝什麼？沒想到會是這樣嗎？」

「沒有…這不是要分開的信嗎？」巧克力看著眼前的紙依然還沒回神

香蕉捧起熱可可的杯子，喝了一口

「你覺得這像是要分開的信嗎？」笑說

見巧克力搖搖頭，香蕉順勢把筆塞到巧克力的手裡「那就換你寫啦」

巧克力看著紙上的內容，表情十分微妙

時而傻笑時而有些害羞時而得意

原來，那張紙摺成了兩半

寫著巧克力的那一半，底下寫了十幾行字

「做事情有責任感、對自己認定的事很積極、身上都有我喜歡的堅果香味、不會甜言蜜語但很誠實…」

一條一條全是香蕉眼中，對自己的讚美

另一半還空白著的，就是香蕉給自己的任務了

「我知道你不會說，所以你說不出口的話，我只好用看的告訴自己囉！」

香蕉說完，便拿起熱可可的杯子走去咖啡廳的庭園散步

留給巧克力足夠的時間和空間去完成他們的紙

「為您送上現烤的香蕉蛋糕」服務生接著走來

巧克力就著陣陣散發的香蕉溫暖甜香，一筆一筆地寫下

「家裡打掃得很整齊、自己很辛苦還會為別人著想、長得很可愛…」

寫的差不多了之後，巧克力對著窗外的香蕉揮了揮手

「你怎麼會想到要寫這個？」香蕉回來之後，巧克力問

「昨天離家之後，其實我真的非常生氣，氣到很失望。氣你根本就搞不清楚狀況，也沒想到我的付出。」

「嗯…」巧克力靜靜地點頭

「為了轉換心情，我決定去找個舒服的飯店住一晚，然後今天，不自覺就走來到這家店，點了最愛的熱可可，這個味道讓我想起了你的味道…。當我在想接下來要怎麼做的時候，你就傳照片來了。」

「嗯…」巧克力笑了一下，點頭

「雖然我不知道你是為什麼好像想通了，但我這讓覺得好像還有救，所以就趁我們的問題還有救的時候趕快做些什麼吧，至少一定會有些能做能改變的，像是，想想你的優點之類的。」香蕉說完，一口氣喝光剩的熱可可

「原來如此。那我也寫好了，你要看嗎？」

「當然！」香蕉打開紙仔細地看著

雖然跟自己寫的相比還留下了不少空白

但香蕉看得出來這已經是巧克力很努力在稱讚自己了

「我說…這個香蕉蛋糕怎麼能不配上巧克力呢？」巧克力像是在掩飾著自己的害羞般，邊大口吃著蛋糕邊說著

看著這樣的巧克力，香蕉又突然想到了說

「我想到了，再順便寫下我們以後固定約會的時間好了！還有兩人各自提醒自己工作太累時，要休息放風的小秘訣」「好阿，那回去之後，就把這個貼在家裡最顯眼的地方吧」巧克力説

「那我的優點空白的地方，不知道什麼時候才會寫滿呢？」香蕉自語般的問

「記得隨時補上就會很快了阿。」巧克力不假思索地説

香蕉甜甜地挽住了巧克力的手

兩人起身結帳，漫步著回家。

小熊師的
 點心話

　　忘了是誰問過我說，「為什麼童話故事裡面王子和公主結婚之後，故事就結束了」，我說「因為繼續寫下去就不是童話故事了（微笑）」。相信有過親密關係的人，都能會心一笑吧。但這並不是什麼悲哀的事情，只是一個實際的瞭解和體會，因為我們本來就是活在現實生活裡。

　　親密關係中，吵架並不可怕，認錯並不可恥，因為溝通的本身就必須要對話、要有交流、要有進也有出。所以當一段關係仍有意義繼續維持下去時，重點在於「和好」。

　　簡單的來說，大概就是試著體會兩個「懂得」吧！「懂得另一半的夠好」，先回到自己的感受上。知道另一半如何為自己帶來生命活力，才會知道他的「夠好」在哪裡，「懂得另一半的不夠好」，雙方都呈現真實的樣貌時，「不夠好」其實也容易跟著出現。這個懂得，不是盲目地美化另一半的缺點，好說服自己讓關係繼續。它是，立基於深刻地了解另一半的「夠好」時，所以而來的體諒與接納。

　　真的是不容易，對吧！所以適度地都讓彼此放個風，好好的照顧自己，自己穩定了，再兩個人一起手牽手去喝杯茶，祝福你們可以在現實生活中，過出自己童話般的生活。

第六節

黑糖薑汁牛奶—生活失去熱情了

黑糖牛奶有個非常會做料理的外婆

外婆還健在時

黑糖牛奶最喜歡看著外婆的一雙巧手咻咻咻地把各種食材變成不同的樣子

然後叮叮咚咚的變成一道又一道的料埋

外婆也總會帶著黑糖牛奶做各式各樣的東西

有的時候是把麵糰捏成一個一個的小耳朵狀

再丟到水裡煮過了後用喜歡的醬汁去拌炒

有的時候是用兩個人一起在院子摘的香草切碎做成奶油

抹在現烤出爐的麵包上最好吃了

黑糖牛奶最喜歡的，就是從外婆的食材櫃裡挑出想像中的風味組合

再看著外婆像施魔法一般地把味道配對融合

變出一顆顆在烤箱裡面膨脹長高的美味蛋糕們

總是圍著料理中的外婆跟前跟後的黑糖牛奶

原本以為自己一定也是想要當個像外婆一樣的料理人

可以把美味的食物分享給大家

但是隨著自己一次又一次的料理經驗中

黑糖牛奶發現自己似乎不是想要當一個單純的廚師而已

發現自己很喜歡那個發現新風味組合的過程

嘗試去把看似差異很大的食材搭配起來

也喜歡在既有的味道中去加以拆解、重組

或者是將每一種調味比例都做些微的改變

就連打各種蔬果汁時

隨著酸鹼值的不同而會能讓果汁顏色產生各種變化都興奮不已

說起來比較像是在做化學實驗一樣

也想要讓更多更多、非常多的人能夠品嚐到自己腦中想像的各種風味

就像外婆和自己玩的遊戲那樣的創造、分享驚喜

所以當黑糖牛奶知道了原來世界上有一種職業

叫做食品開發師的時候簡直樂壞了

心想「這根本就是我天生要下來做的工作阿」

黑糖牛奶就這樣一路地往這個志願前進

也如願地進了一間大公司擔任新品的開發工作

每天除了在實驗室裡進行原料蒐集、分析等工作

下班後也持續地學習、研究各種相關的新知識和技術

跟著團隊一起讓許多充滿創意的產品誕生

有的在市場反應不盡理想，但也有立刻刮起流行旋風的味道

日復一日認真打拼的黑糖牛奶在競爭激烈中升上了主管

需要正式裝扮的場合變多了的時候

赫然發現以前的衣服全都穿不下了

走到廚房倒了杯水喝，原是想冷靜一下

但眼角餘光瞥到曾經愛用的鍋碗瓢盆都安靜地躺在原地

實在不敢去想最近一次靜下來為自己好好煮一餐，好好吃個飯是什麼時候

仔細想想工作的這些年，自己因為夢想的實現真的很賣力

但市場需求、商業考量的前提之下，食物本身似乎變得沒有溫度了

那種產生新味道組合的單純喜悅不知多久沒出現了

面對實際的人際、商業競爭

那個鬼靈精怪，在創作過程就能自得其樂的自己好像也快消失不見了

黑糖牛奶突然想起外婆取出蛋糕放到自己面前的身影

似乎在跟自己說，「要好好的面對這件事情唷」

黑糖牛奶想做點什麼來吃卻腦筋一片空白

只好決定先轉身走到浴室

那裡有一包忘了是什麼時候買的沐浴鹽組合

「阿…幸好聞起來都還有味道。嗯～這個是…咖啡的，對了！這個是…紫羅蘭的…對了！這個是…莓果嗎……」

打開每一小罐的時候，不自覺地就玩起了聞香辨味的遊戲

然後加了玫瑰口味和莓果口味的一起調和

好好的泡了個澡

泡著泡著，讓黑糖牛奶突然想起了之前在旅遊書上看到的秘境溫泉

馬上決定要請一個長假

這是進公司後就一直很努力的自己從來沒有做過的事情

快速地一安排好後，就出發了

到了那邊，出來迎接的老闆居然是個跟外婆好像的奶奶

「真是一個好的開始阿」黑糖牛奶心想

放好了行李，奶奶便領著他到了一處半戶外的溫泉池

池子蒸騰而上的水氣裡有著意想不到的味道

「阿，這是⋯」

黑糖牛奶用雙手乘起一瓢水靠近一聞，還忍不住舔了一口

「原來還有這種的阿⋯」

邊想著邊驚訝著邊把自己全然地浸泡到充滿神秘能量的水裡

感受身體被暖流穿梭、包覆

頭腦感覺到前所未有的放空

順理成章地停留在此時此刻

好一陣子才依依不捨得離開池子，回到房間

「呵呵，都暖到骨子裡了吧」送來晚餐時奶奶笑著説

黑糖牛奶也對著奶奶露出會心的微笑

就這樣單單純純的過了幾天

既沒有刻意去想自己該怎麼重拾熱情

卻在離開時，感覺到活力滿滿的

像是兒時各種新奇的燈泡又重新回到頭頂上一樣

「吶，這個給你，用法你已經知道啦！」

奶奶溫柔地將一個袋子塞給黑糖牛奶

坐在回程的巴士上

黑糖牛奶雖然不確定自己是否想繼續回到那個自己從小嚮往的業界

還是要轉換跑道去開個小餐廳之類的

但至少重新確認了自己對食物的熱情

不急不徐地且看且走

只要能夠知道可以像這樣幫自己充電

好像就可以一直走下去

黑糖牛奶把奶奶送的禮物抱在胸前

那是一大袋磨得細緻的薑粉

正散發出這幾天每次泡進溫泉時那樣暖心的味道

讓黑糖牛奶肯定地對自己點著頭。

小熊師的
點心話

　　尤其冬天的時候，寒冷冰凍了雙手，強風刮紅的臉頰，一不小心，也帶來寂寞、悲傷的錯覺。生命中，確實阿，令人痛心的片段在所難免。可能是想留住的什麼卻斷然離去，可能是懼怕擔憂的什麼不請自來，可能是過去既成事實的無奈，也可能是未來無可預期的失落。然而脆弱的時刻，最容易忘記但千萬別忘記的，是持續保持開放、覺察及感謝。

　　因為這能讓自己能感受到，其實身邊有著多多少少，不經意地流向自己的溫柔，也許就如同這一味，染成了淡可可色的牛奶，細緻的甜香中，微微辛辣點綴成溫暖浪花。這時才會發現，微小的事物似乎就能大大地撫慰你的心。

　　原本生活中的熱情跟你玩躲貓貓的時候，那就去做一些完全不一樣的事吧！放過自己，轉換一下，給大腦有足夠的資源運作整理，熱情可能就會啵的一聲跑出來。就算還是無解，起碼也休息到了。相信自己一定會有能量繼續再戰的！！

三明治──迎合大家好累了

三明治不知道他到底是招誰惹誰了

他只知道自己應該從來沒有忘記過家訓地活著

「身段要夠柔軟、要笑臉迎人、要能包容所有的不同」

如果說對於這種生活方式不疑有他，那是騙人的

尤其在受了委屈的各個獨處的時候

三明治總是會對著這個看似被大家依賴著的自己

無聲地抗議著

「明明是這款美乃滋的味道太甜膩讓味道偏掉了，責任又不全在我身上」

「這次生洋蔥夾了太多，為什麼要笑阿，現在明明就想哭」

「擺到過了賞味期限的又不是我，難吃也要我道歉就對了」

一次又一次的循環中，不是沒有獲得過讚美

也不是說無時無刻都討厭著這樣的自己

但，是阿，曾幾何時，連抗議都無聲了

其實也不是沒有說出口過

但總是在大家的眼神中，讀到些什麼就後悔了

或者從得到的回應，換得一身傷痕

還記得那一次

黑芝麻醬說想跟自己顏色很像的海苔醬，一起創作前所未有的暗黑新口味

119

作為三明治的直覺就是「天啊，這味道能吃嗎」

但自己只是小小地提了「感覺跟巧克力醬也會不錯唷」

黑芝麻醬瞬間皺起的眉頭與扁了的嘴角

彷彿在說「你懂不懂什麼叫做創新的價值跟膽量阿」

三明治只感覺到自己在對方真的脫口說出之前

很快就點頭了這項暗黑的提議

被嫌棄的結果卻要自己承擔罵名。

對著過去的那個他，也是如此

仔細地斟酌著另一半的胃口甚至天氣的變化

精心的轉換著自己的裝扮

或甜或鹹、或中或西

傳統的溫柔婉約到新潮的狂野奔放都能叫自己扮演得宜

對著另一半的各種情緒也能溫和包容展露無遺

連看到他摟著御飯糰進了他家的大門

也能淺笑地一問「我想大概是我那邊還不夠好，對嗎」

得到的回應

另一半淡淡的說「你太好了，只是我對你沒感覺了」

這樣經典的台詞自己總是親耳聽到了呀

眼淚已經掉出來

在被下一個「那次也是」淹沒之前

三明治稍微阻止了一下自己

似乎每次都是這樣

讀到了些什麼，具體上三明治也不是很能清楚知道

也許是大家表情的變化，也許是聽見大家沒有說出口的評價

唯一能確定的就是

腦中迴盪的家訓總在提醒自己，別不聽話、別讓別人失望為難

「是！就最好不要做自己」

三明治用盡全力吶喊

在發現四周依然安靜得可以聽到秒針的走動時

三明治居然對著自己的別無選擇，笑了

乾乾癟癟地笑了

那是一種，吐司麵包毫無防備地擺在桌上

五分鐘、五小時、五天…

任由水分逃奔到空氣裡去找自由

生菜早已無力的癱軟垂落

火腿和起司也放棄呼救、皺巴巴地互相靠著

像那樣的悲傷的口感那樣的乾癟

知道自己一路都想擺脫家訓束縛的繩索

卻沒有把握下定決心

害怕的是如果自己不再遵守了

那自己是否變得比現在更不快樂、更沒有容身之地

警覺到自己僅存的一點能量快要消失

三明治捏了捏自己水份盡失的雙頰

四處張望了起來

眼睛掃過牆上釘的明信片時

看到了

那是一個扁扁的朋友，在臉上塗個通紅

再隨性地點綴上乳酪色和綠色彩妝

躺在一個圓頂熾熱的大屋子前

一臉自信又性感的照片

腦中突然浮現了那個寄來自己的相片當作明信片的朋友

他曾經説

「不摧毀你怎麼知道重來是什麼樣子」

那是他出發去異地前説的

三明治記得當時的自己既羨慕他的勇敢又輕視他的瘋狂

但此時此刻

三明治覺得彷彿看到了有水氣瀰漫的地方

在召喚著自己要放下對「在別人眼中夠好」的執著

前往一次未知的將來試試看

也許，能比現在的這個最糟再好一點點就好了

三明治決定

要去很遠的地方，洗三溫暖

他也不知道為什麼，但他決定就跟著腦中最先跑出來的想法走

於是他隨意抽出了一個很遠的地方，沒帶行李的去了

在三溫暖水氣豐潤的空間裡

聽話與叛逆的那條線也被暈染得模糊

進了烤箱

蒸騰的空氣讓身體裡的水份重新沸騰

舒展開的部分變得鬆軟

猶豫不決的部分變得硬實而帶著堅果般的香氣

三明治突然有一點明白了

朋友明信片上寫著的「為自己強壯也不會傷害到誰唷」的感覺

那既不是任性的自私

也不只是反骨的放縱

只是，夾著、包容著久了累了

就把自己打開，讓不同的材料能夠重塑自己的風味

聽不到自己的聲音、乾癟無力的時候

就像這樣讓自己去尋找適合的溫度和水份滲透進來吧

不做大家眼中規格的夠好

而是做個自己問心無愧夠好、有風格的三明治

在重新回到家的那一刻

他似乎看見有一條線被自己穿越。

 小熊師的
點心話

　　作為群體的生物，從小到大總是免不了被教好要遵守規範、要知書達禮、人見人愛，但一不小心，這樣的期待變得沈重，有時為了想掙脫還需要先來個人我大戰，遍體鱗傷。想想三明治吧！三明治在你的頭腦中是什麼形象呢？是巷口早餐店常吃到的三層火腿夾蛋，還是方形烤吐司夾各種料？

　　其實各地各國都有自己的三明治文化，而且變化真的很多元唷，不妨打個關鍵字搜尋看看，也許你會看見，在「三明治」這個框框裡，有著框架中的無限可能。

　　這不是很有趣嗎！基本上料理就是這麼一回事。所以很適合拿來練習對自己的觀察跟對自己的照顧。即使失敗了，大不了自己吞下肚又可以再重來。

　　如果你注意到自己是否忙著遵守期待，有些累了的時候，就當作給自己的靈感，為值得的事物妥協，但也可以沒有罪惡感的設定界線，才會從中得到力量，當個有風格的三明治吧。

第八節

優格佐鮮果醬——親愛的人不在了

優格發動了車子，目的地是半山上的果園

最近是柑橘類成熟的季節了

心裡面正想著的時候，就接到蜜餞大哥的電話

「可以採收囉，找個時間上來看看吧！」

趁著店休的日子，帶著興奮的心情去一趟蜜餞大哥的農園

優格自從在蜜餞大哥夫婦那邊學到了做果醬的方法

也跟著他們一起在小農市集擺攤過一陣子後

就將自己家樓下改成了間小店，賣起自己手作的果醬

暖暖的冬陽讓冷冷的空氣柔和了起來

優格索性開了些車窗讓新鮮的空氣流通

往前看去，已經可以看到遠處的路邊的林子裡

一顆一顆橙黃的小太陽在跟自己招手

優格享受著這一路既期待又放鬆的感覺

見到了蜜餞大哥夫婦，幾個人熟門熟路地一會兒就採了好大籃橘子

「今年的這批甜橙好漂亮喔，一邊採的時候我已經想好回去要怎麼做了
唷！」優格眼神閃閃發亮地説

蜜餞嫂幫忙將橘子整理好搬去車上

路途中並著肩對著優格説「奶酪應該也會很開心吧，如果能看到現在這

樣的你」

「阿…是阿」優格閃閃的眼睛不自覺地浮上濕潤

但優格決定就讓它們掉下來

因為優格知道，這流淚的感覺不再只有悲傷

「今晚要留下來吃飯吧？」蜜餞嫂也很自然地接著問

「要！我要吃很多用現採蔬菜炸的天婦羅！」

隔天，回到家的優格捧起一大籃新鮮的甜橙走到廚房

一顆一顆圓滾滾的樣子很可愛

拿起來每個都沈甸甸的很結實

「好，開始囉」優格穿好圍裙、挽起袖子

仔細地將果子用小蘇打粉清洗過，脫去果皮後將果肉切成小方丁

拿出摻了紅茶葉、汲取了茶香的糖罐子

舀了幾匙紅茶糖唰地加到果肉盆子裡

攪拌時糖與果肉碰撞的沙沙聲很是好聽

優格忍不住地哼起歌來

拌了糖的果肉要這樣放置著入味一陣子

優格轉頭向著放著剛下脫下的果皮們說「再來是你們囉！」

用刀輕巧地去掉果皮內側會苦苦的白膜

接著要將處理完的橙皮泡在乾淨冷水中去掉苦澀味

泡著的兩、三天內還要換過幾次水

之後的橙皮沖洗瀝乾後再用糖水滾煮過

當橙皮轉成透明後再撈起放涼

這樣才能做出香甜清爽的糖漬橙皮

想要再華麗一點的時候

優格也會將帶著花香的黑巧克力融化了後

讓糖漬橙皮像戴上帽子般地沾上巧克力漿

再冷藏變成口感滋味豐富的小點心

每次開始動手投入起來，雖然很花時間

但優格知道，現在的自己最不缺的就是時間

需要的也是每個能讓時間被好好填滿的活動

尤其是經歷過自己靈魂的另一半，奶酪剛離開人世時

時間多到不知所措的日子

優格更是真心的珍惜能夠在這一個一個動作中

還能感覺到「活著真好」的時光

其實如果可以的話，優格並不敢放任自己一個人時回憶起奶酪

但此時柑橘類特有的舒緩甜香

彷彿開了條小小的路，讓優格可以安全地走到回憶中，待一陣子

從確定奶酪不會再醒來的那一刻起，優格就沒掉過一滴眼淚

忙碌著將各種接踵而來的事情處理完

奶酪火化後，真正碰不著的那一天起

優格突然間感覺到自己好像不會哭，但也不會笑了

回到家裡，幾乎閉著眼，將所有的照片先收到了看不見的地方

怕自己一看到，就無法再忍受著一個人的生活了

連續著一陣子，早晨煮完了奶茶、烤好了麵包

才發現是兩個人的份量

就這樣放著直到變涼，再花了一天的時間慢慢地把它們吞進肚子

以往天天幫奶酪裝便當的飯盒，每天都還是拿出來洗過晾乾

輪流用著一對的牙刷和毛巾，捨不得哪邊位置空了出來

原本在家等待奶酪下班的時間總好像有做不完的事

一下子去上了裁縫課，回家做個圍裙整下午

一下子整理院子裡兩人攜手種下的植物們

等著有人回來嘰哩呱啦地分享

然而，少了另一半的時間卻突然多到像下不停的雨

一不小心就會被淹沒到無法呼吸

優格常常不自覺地拿起時鐘，一圈一圈撥著

以為轉多了轉久了，時間就會快到自己可以去見到先走的那另一半

日子就是這樣撐過了不知幾個黑夜白天

有天，望著窗外發呆的優格被小鳥飛過吸引了視線

注意到院子裡的石榴樹不知何時結了小小的果

那是兩人一起從小盆栽種下的石榴樹

才想起自己不知道多久沒給植物們好好澆水了

但石榴卻用它自己的力氣好好地生長著

優格走了出去細細地盯著還小小的石榴果瞧

瘦弱的樹梢被風吹得搖晃

小小的石榴果開口笑著，跟著搖頭晃腦地好像在跟自己打招呼

就像奶酪會在自己傷心難過時做的事一樣

優格寧可相信了，這是另一半捎來的信息

於是放自己多聽了點奶酪的聲音，他應該會說「去走走吧」

優格想了一點點，又馬上幫自己按了暫停

但至少是回復些能量

那麼，就逼自己去散散步、曬點太陽吧

之後優格就開始每天出去走路

為了要避開回憶太多的路而尋覓新路線時，也逐漸能感受到些許活力

就在一次散步的途中「咦？那邊怎麼那麼熱鬧」優格心想，走近看看

原來是個自產自銷的小農市集

各色蔬菜水果閃亮亮的在攤位上跳舞

優格不知不覺間已經混入了興高采烈的人群裡

腦中開始浮現許久不見的料理菜單

「來，歡迎試吃看看，都是用我們自己的水果，自己做的唷」

正當優格慢慢地沈浸到生氣蓬勃的氛圍時

親切熱情的聲音攔住了她，遞出了一個小杯子

「這是…？」優格問

「這是我們自己做的果醬，加在無糖的優格上非常好吃喔」農家大姊說

「謝謝…」優格有點怯怯地接下杯子

「現在的草莓正好吃，趁著產季做的草莓果醬可以讓美味，所以說，果醬就是水果生命的延續阿，哈哈哈哈」農家大姊爽朗地介紹

「生命的延續…」優格小聲地重複了話語，接著仔細得看了手上的小杯

下層的純白被上層的色彩輕柔地包覆住

挖了一口，色彩更深地浸潤下層

送進嘴裡，柔和的甜香中帶著朝氣的酸

輕輕地一抿就滑入喉嚨，讓春天跟著在綻放

動手攪拌在一起就逐漸成了粉紅色

優格感覺到草莓的生命力進到自己的身體裡

原本失去感受的地方好像有粉紅色的河流過

優格有點愣愣的，但似乎有種「活著真好」的感覺小小的現身

買了果醬，也拿了名片

優格開始習慣有果醬相伴的生活

成了常客後，與賣果醬的蜜餞夫婦也成了朋友

幾次也幫著忙不過來的蜜餞夫婦向客人介紹起了果醬

「這一季盛產的是蘋果，果醬就是水果生命的延續喔，嚐嚐蘋果變成的美味吧！」

看著頭頭是道說著的優格，蜜餞嫂問「優格要不要也乾脆來學做果醬阿？」

一句話，讓優格的生活有了新的重心

跟著蜜餞夫婦學習做果醬、果乾

越做越有心得之後，也在蜜餞夫婦的支持鼓勵下，在自家一樓開了家小店

用奶酪的名字一起做的設計當做招牌

看著的時候就像兩人依然會一直互相看照、一起努力的感覺

有了小店後，優格更是專注投入地做果醬

思考新味道、發現新組合

每天都在感受水果的生命以不同的方式延續著

自己乾乾枯枯的心也一點一滴修復著、滋潤著

感覺到自己還能好好的活著

感覺到自己雖然必需真正送走奶酪，但清楚明白他並不會就此消失

感覺到生命中曾有奶酪一起的時光

都讓自己有能力變成未來更好的樣子

即使還需要多久的時間不知道

但自己是安穩地等待著

自己能夠重新看著奶酪的照片，好好跟他說話的時候會到來

「叮叮～叮叮～」方才設定好的果肉糖漬鬧鐘的鈴聲響起

把優格從回憶叫回了現在「哎呀，煮果醬的時間到了」

優格調整了一下圍裙，順便重整心情

著手熬煮起橘子果醬

隨著橙香變得更加馥郁，心情思緒也越是柔和平靜

將煮好的果醬一一裝到可愛的玻璃瓶，倒扣在桌上放涼

優格滿意地看著自己的作品，再跑去拿起電話

「蜜餞嫂，這次的甜橙果醬我做好囉！是加了紅茶口味的唷，還做了糖漬橘皮！」

「哇～那什麼時候上來呀，我做好優格等你」

「等橘皮漬好…後天吧！我還要吃加了起司的麵包，配橘子醬超對味！」

「哈哈哈哈，沒問題！」蜜餞嫂爽朗的笑聲令人安心

「接下來是梅子的產季吧，好期待哦…」優格也一邊聽著自己的聲音，
一邊望向店裡的那塊招牌，微微地笑著。

小熊師的
點心話

人生阿，終究有一些別離是我們沒有辦法決定的。尤其在生死的分離上。

它可能會帶來突如其來，巨大的痛苦，也可能是幽幽慢慢，最後憂傷綿長的痛苦。但無論如何，都很令人難受。那既然無可抗拒，有沒有別的方式，可以來看待這些痛苦呢？

英國著名的影視演員兼導演、編劇—卓別林留下很多經典臺詞，其中兩句我很有感觸，即使無法解答，也許能有些轉換的靈感也是好的。

【我一直喜歡在雨中行走，那樣沒人能看到我的眼淚】

當重要的人離開時，每個人的悲傷都是自己的，只有自己能體會需要走過多少淚如雨下或欲哭無淚的日子，才會感受到天空除了水霧，還有其他色彩。但，能一邊好好照顧自己地走著，就一定能走過。因為。

【人生近看是悲劇，遠看是喜劇】

我想，大概就是把時間的軸線拉長，站在遠一點的位置看過去，可能就會發現離開的人們只是早一步在某個地方等我們、守護著我們。一定能感受得到，也終究會再相遇。

所有在回憶裡面的東西都不會消失，包括美好的與痛苦的，但如果願意，它們就可以一直被轉化過。你會知道你們曾經一起有過一些什麼，而這些什麼又怎麼影響了現在的你、未來的你。好好的照顧自己，知道有一天可以再相遇的時候，彼此都能安心的相識而笑。

當，手作心流

　　無論是任何時刻被觸動了，可能是料理自療點心舖裡與小動物們一同野餐的畫面、書中的隻字片語、進入到故事與美味的插圖裡、抑或是身體呼喊著養分的鈴聲大作，都是好時機。為自己留點適當餘裕的時間，讓這個觸動變成更實際的體驗，翻開了接下來的食譜，都是四個步驟就可以完成的簡單方案。

　　你可以完全按照食譜上的材料和步驟做一遍，也可以參考小叮嚀或第二章第二節 p.53 頁的好心情食物表，發揮創意去搭配出自我風格的料理。可能會有你缺少的工具或設備，上網搜尋看看可能的替代方式或找有設備的朋友一起等等，問題解決的過程也許可以激發出你更多的潛力。

　　記得，我們一起做的料理、點心，在料理自療點心舖裡既不是要販賣，也不是要考技術證照，我們只是想做些什麼，好好的療癒自己而已。有次，將靜下來自我療癒後的深刻感觸，寫成了小小的詩。正好，在這裡跟大家分享。就這樣，保持覺察與好奇，敬請盡情地享受在料理自療中吧！

從靜出勁而能淨

卸除才能再裝滿

人的力量會從最脆弱的地方長出來

發現感動時是因為心裡的波瀾已柔美化作漣漪

體驗真的是最珍貴的路途

在不止息的練習上

爽快

份量：分享樂樂好

烤甜甜圈

【參考材料】

鬆餅粉200克、牛奶150毫升、雞蛋1顆、砂糖20克

【步驟】

1. 將雞蛋打散加入牛奶、砂糖混合均勻。

2. 再加入鬆餅粉攪拌均勻至微微還有粉粒即可，靜置20分鐘。

3. 在中空的小模具上抹一層薄薄的橄欖油或是融化的奶油，將麵糊倒入。

4. 放入已預熱好180度的烤箱烘烤25分鐘，出爐後放涼一下就可以脫模趁熱享用囉。

🐻 小熊師的小叮嚀

可以依照自己的心情，準備自己喜歡的口味的淋醬來搭配，例如巧克力醬、花生醬、各種果醬等，也可以單純地灑上一些砂糖，或用糖粉和檸檬汁3：1加在一起拌勻做成檸檬糖霜，享受一下清新的滋味唷。想要變化出不同口味的甜甜圈時，也可以直接在粉類中加入抹茶粉、可可粉、芝麻粉、咖啡粉等喜歡的口味，顏色也會不一樣呢。

 份量：分享樂樂好

煎鬆餅

【參考材料】

低筋麵粉100克、無鋁泡打粉1小匙、砂糖40克、鹽1小搓、蛋1顆、牛奶100毫升、無鹽奶油（融化）25克

【步驟】

1. 將蛋打勻加入牛奶拌勻，再加入鹽、砂糖攪拌至溶解。

2. 牛奶蛋液慢慢加到過篩後的麵粉和泡打粉中輕輕拌到沒有粉粒即可。

3. 加入融化的無鹽奶油拌勻，即成麵糊，靜置15分鐘。

4. 熱鍋讓奶油融化，倒入一大湯匙的麵糊，煎2分鐘左右至麵糊表面起大泡泡後翻面再煎1～2分鐘上色即可盛盤。

🐻 小熊師的小叮嚀

當然也可以直接用市售鬆餅粉，但偶爾從麵粉自己調配也是另一番趣味。搭配煎鬆餅的配料可以天馬行空、隨心所欲地自由發揮與實驗。可以放上各種當季水果、淋上香甜的蜂蜜、楓糖或是各色果醬；也可以佐以鮪魚、火腿、起司等變成鹹的口味。在粉類中加入抹茶粉、可可粉、芝麻粉、咖啡粉等，也變化出不同口味的鬆餅。總之，手邊剛好有模型的話，就可以做成喜歡的形狀。勇敢地讓自己嘗試看看吧！

份量：獨享剛剛好

法式薄餅

【參考材料】

麵糊材料

低筋麵粉50克、雞蛋1顆、細砂糖1小匙、蜂蜜1小匙、鮮奶100毫升、鹽1小撮

醬料材料

無糖優格2大匙、莓果果醬1小匙、蜂蜜1小匙

【步驟】

1. 雞蛋加砂糖打散至有點蓬鬆；蜂蜜加入牛奶攪拌均勻。

2. 攪好的牛奶加到蛋液中，再加入過篩的麵粉輕輕攪拌成糊，冰在冰箱靜置20分鐘。

3. 加熱不沾平底鍋，用大湯匙舀起麵糊到入鍋中。

4. 中小火煎約2～3分鐘上色後翻面續煎30秒，取出煎好的麵皮摺疊在盤中即可裝飾配料和醬汁。

🐻 小熊師的小叮嚀

法式薄餅的配料和口味搭配有很大的彈性，完全可以依照自己喜好的水果、食材如堅果、果乾、碎餅乾等，隨性地擺上配料再淋上自己特調的醬汁或蜂蜜等，即可漂亮上桌。大家可以練習觀察自己的心情，並且試著把心情融入製作過程中，創作出自己喜歡的口味，好好來個午茶時光能為自己帶來好心情唷！

份量：分享樂樂好

咖哩

【參考材料】

整顆番茄罐頭1罐、洋蔥1大顆、紅蘿蔔1根、杏鮑菇2根、火鍋肉片300克、咖哩塊3小塊、橄欖油2大匙

【步驟】

1. 先將洋蔥切絲、紅蘿蔔、杏鮑菇切塊。

2. 在適合燉煮的鍋子倒入橄欖油，直接鋪上洋蔥絲墊底，再鋪上火鍋肉片、紅蘿蔔、菇，倒入番茄罐頭，稍微將番茄弄碎。

3. 蓋上鍋蓋用小火燉煮，鍋蓋全程都不能打開。

4. 燉煮20～30分鐘後開蓋，若想要湯汁多點可視喜好加開水，再將咖哩塊加入後攪拌到咖哩塊全部融入湯汁中，全體均勻地拌勻再煮一下即可。

🐻 小熊師的小叮嚀

建議使用鑄鐵鍋、土鍋等厚實的鍋子，或用大同電鍋，在外鍋加 2 杯水來煮也可以。買不到番茄罐頭時亦可以用牛番茄 2 大顆切小塊代替。探索、挑選自己偏好的咖哩風味，玩玩看。咖哩有很強的包容力，所以自己喜歡的其他適合燉煮的蔬菜，例如馬鈴薯、番薯、甜椒、玉米筍等都可以試著加加看一起煮，最後再燙一些綠色花椰菜或放上沙拉菜佐餐，色彩就會很繽紛唷！

份量：分享樂樂好

香蕉巧克力馬芬

【參考材料】

低筋麵粉200克、無鋁泡打粉2小匙、黑糖80克、鹽1小撮、蛋2顆、
牛奶100毫升、葡萄籽油80克、香蕉1～2根、巧克力100克

【步驟】

1. 將粉類過篩或用打蛋器拌鬆，再加入鹽、黑糖拌勻。

2. 香蕉一半用叉子壓成泥，一半切小片。

3. 將牛奶、蛋打勻再分次緩慢加入植物油拌勻，慢慢加到粉類中
   輕輕拌勻到一半時加入香蕉泥一起拌到沒有粉粒即可。

4. 將拌好的麵糊裝到小紙杯或馬芬烤模裡，加入切碎的巧克力，
   放入預熱200度的烤箱中烤20分鐘即可。

🐻 小熊師的小叮嚀

香蕉和巧克力的量都可以依照喜歡自行試試看比例。植物
油的部分可以用任何一種沒有特殊氣味的油代替，例如玄
米油、沙拉油等，也可以試著將部分牛奶用無糖優格或豆
漿取代，實驗看看有怎麼樣不同的風味或口感呢。如果用
15 克可可粉取代部分 15 克麵粉，整體就會變成更加巧克
力了唷！

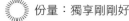
份量：獨享剛剛好

黑糖薑汁牛奶

【參考材料】

鮮奶250毫升、黑糖10克、薑汁1～2小匙

【步驟】

1. 把薑用磨泥器磨成泥，再過濾出薑汁。

2. 牛奶倒入鍋中加熱至鍋子邊緣微微冒泡。

3. 趁熱加入黑糖、薑汁輕輕攪拌。

4. 沸騰前關火，倒入杯中即可享用。

 小熊師的小叮嚀

慢慢地把薑磨出薑汁的過程也很療癒，但若覺得磨薑汁麻煩或沒有時間、買不到薑時，也可以用市售薑粉，在農會超市或網路搜尋都可以買得到，煮牛奶時視口味加個1～2小匙也是很方便的選擇。煮好的牛奶放涼，冰冷藏或冷凍做成冰塊，下次加到別的飲料又是另一種享受。各地都有品質很好的黑糖，蒐集來嘗試看看、也會很有樂趣唷！

份量：獨享剛剛好

三明治

【參考材料】

麵包1人份、火腿3片、起士片1片、生菜適量、日式美乃滋適量

【步驟】

1. 麵包對切，略烤或煎過加熱一下。
2. 在麵包內側、上下擠上一些美乃滋。
3. 依序放上起士片、生菜、火腿。
4. 夾起來即可大口享用。

🐻 小熊師的小叮嚀

麵包可以選任何自己喜歡的麵包，從最基本的吐司到長棍麵包、貝果、佛卡夏等都可以嘗試看看，搭配的夾餡更是千變萬化，鹹的可以換成火腿、鮪魚罐頭或剛好剩下的美味料理，淋的醬汁也可以換成風味濃郁的美奶滋、或清爽時髦的橄欖油醋，甜的可以夾水果鮮奶油、塗上果醬、花生醬等，刺激著無限的想像力，為自己做出個驚為天人的三明治吧！

份量：分享樂樂好

優格佐鮮果醬

【參考材料】

無糖無添加優格500毫升、橘子果醬2～3大匙
橘子、柳丁、葡萄柚適量、焦糖口味碎餅乾適量

【步驟】

1. 把柑橘們去皮切成喜歡的形狀。

2. 將1/3量的優格跟一半量的橘子果醬拌勻。

3. 將另外1/3的優格倒入玻璃容器裡，再上面淋上一層橘子果醬。

4. 再將拌過的橘子優格倒入，淋上最後的橘子果醬後再輕輕地倒入
   最後1/3的優格，然後裝飾上水果即可。

🐻 小熊師的小叮嚀

果醬可以替換成任何一種當季盛產的水果果醬或自己喜歡
的任何口味，有空的話也可以試試看自己找喜歡的果醬食
譜，自己做做看，只要有鍋子跟手和一些耐心就可以了。
搭配的水果、配料像是灑上點黑糖、堅果等，也是可以沒
有限制，只要憑自己注意到的感覺和心情去挑選都是值得
嘗試的口味。做法、吃法，喜歡層次分明或攪和在一起，
也全憑喜好，是不是想趕快動手做一下這麼簡單又有意思
的點心了呢！

份量：分享樂樂好

司康

【參考材料】

鬆餅粉200克、奶油60克、果乾40克、蛋1顆、牛奶40毫升

【步驟】

1. 把鬆餅粉、奶油切小丁，一起放到大碗裡，用手或叉子拌勻
   成細碎的沙子狀。

2. 雞蛋和牛奶打勻成奶蛋液，分次慢慢加入粉中。

3. 快速輕柔地拌合，不要用力攪拌，中途加入果乾拌勻成糰後
   用保鮮膜包起，冷凍鬆弛麵糰30分鐘。

4. 取出麵糰切割塑形後，放入預熱180度的烤箱烤20～25分
   鐘，表皮酥香金黃後即可出爐。

🐻 小熊師的小叮嚀

想要變化口味的時候，可以在鬆餅粉中加入可可粉、咖啡
粉、抹茶粉，牛奶的部分也可以試著用奶茶、咖啡、豆漿、
優酪乳等取代，試試看跟牛奶做的有什麼不一樣。試著調整
看看水份跟粉的比例，讓麵糰可以塑型成自己喜歡的形狀，
也是一件很開心的事情。當然，司康裡面也可以加入各種想
得到的配料，像是起司絲、巧克力、糖煮水果等。也可以完
全的原味，再搭配喜歡的果醬、奶油之類的一起吃，無論如
何，快幫自己做一盤，享受一下剛出爐的美味吧！

料理自療點心舖 *Cooking therapy* 享受自我照顧好時光

作　　　者	張凱茵
插　　　畫	熊先生
社　　　長	張淑貞
總 編 輯	許貝羚
美術設計	關雅云
特約攝影	沉羲
行銷企劃	曾于珊、劉家寧

發 行 人	何飛鵬
事業群總經理	李淑霞
出　　　版	城邦文化事業股份有限公司　麥浩斯出版
E-mail	cs@myhomelife.com.tw
地　　　址	104 台北市民生東路二段 141 號 8 樓
電　　　話	02-2500-7578
傳　　　真	02-2500-1915
購書專線	0800-020-299
發　　　行	英屬蓋曼群島商家庭傳媒股份有限公司城邦分公司
地　　　址	104 台北市民生東路二段 141 號 2 樓
電　　　話	02-2500-0888
讀者服務電話	0800-020-299（9：30AM ～ 12:00PM；01：30PM ～ 05：00PM）
讀者服務傳真	02-2517-0999
劃撥帳號	19833516
戶　　　名	英屬蓋曼群島商家庭傳媒股份有限公司城邦分公司

香港發行城邦〈香港〉出版集團有限公司

地　　　址	香港灣仔駱克道 193 號東超商業中心 1 樓
電　　　話	852-2508-6231
傳　　　真	852-2578-9337

新馬發行	城邦〈新馬〉出版集團 Cite(M) Sdn. Bhd.(458372U)
地　　　址	41, Jalan Radin Anum, Bandar Baru Sri Petaling,57000 Kuala Lumpur, Malaysia.
電　　　話	603-9057-8822
傳　　　真	603-9057-6622
製版印刷	凱林印刷事業股份有限公司
總 經 銷	聯合發行股份有限公司
電　　　話	02-2917-8022
傳　　　真	02-2915-6275
版　　　次	一版 4 刷 2022 年 03 月
定　　　價	新台幣 350 元 / 港幣 117 元

Printed in Taiwan

國家圖書館出版品預行編目（CIP）資料

料理自療點心舖 / 張凱茵著. – 初版. – 臺
北市：麥浩斯出版：家庭傳媒城邦分公司發
行, 2019.06
　面；　公分
ISBN 978-986-408-498-2(平裝)

1.點心食譜

427.16　　　　　　　108008071